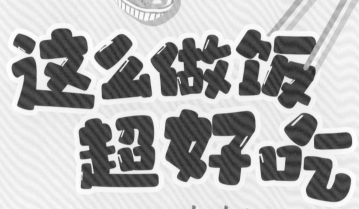

这么做饭超好吃

肥猪猪的超治愈美食手账

肥猪猪的日常 ◎ 著

台海出版社

图书在版编目（CIP）数据

这么做饭超好吃：肥猪猪的超治愈美食手账 / 肥猪
猪的日常著. -- 北京：台海出版社，2023.11
ISBN 978-7-5168-3668-2

Ⅰ.①这… Ⅱ.①肥… Ⅲ.①菜谱—中国 Ⅳ.
①TS972.182

中国国家版本馆CIP数据核字(2023)第 202520 号

这么做饭超好吃：肥猪猪的超治愈美食手账

著　　者：肥猪猪的日常

出 版 人：蔡　旭　　　　　　　责任编辑：俞滟荣

出版发行：台海出版社

地　　址：北京市东城区景山东街 20 号　邮政编码：100009
电　　话：010-64041652（发行、邮购）
传　　真：010-84045799（总编室）
网　　址：www. taimeng. org. cn / thcbs / default. htm
E － mail：thcbs@126. com

经　　销：全国各地新华书店
印　　刷：北京盛通印刷股份有限公司
本书如有破损、缺页、装订错误，请与本社联系调换

开　　本：770 毫米 × 889 毫米　　　　1/16
字　　数：145 千字　　　　　　　印　　张：11.75
版　　次：2023 年 11 月第 1 版　　　印　　次：2023 年 11 月第 1 次印刷
书　　号：ISBN 978-7-5168-3668-2

定　　价：68.00 元

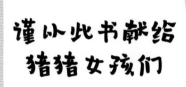

谨以此书献给
猪猪女孩们

推荐序

自我在兰茉授课以来，我迎来送往，陪伴几十届的学生，学生们于我，并非只是传统的师生情谊，更多的像是伙伴。

他们带走所学的法式甜点技巧和理论，如蒲公英一样，散落在中国各地，落地、生根、发芽，与我遥相呼应。

从这个角度来说，我们惺惺相惜。

就像"肥猪猪"，这个瘦弱但蕴含巨大能量的女孩子，做到全网美食账号的头部，这是何等的毅力、天赋。她来请我写序，我有些惶恐，也很高兴。

看到学生的成就，是任何一个老师的荣耀。

但我也知道她背后付出了多少，非常人能及。

厨房工作，特别是制作甜点，并非大众想象中的那么优雅，它要求手和大脑同时高强度地运转，不规律的工作时间和永无止境的研发、失败、重来。

唯有热爱，才能让人咽下这些苦，才能成就我这个学生 400 天日更的坚持，在国外游学时不计时间、不计金钱探店学习的毅力，以及从线下甜点店铺踏足美食短视频领域的勇气。

从某种意义上说，我也从她身上学到很多。

肥猪猪是个年轻的孩子，她代表了中国美食届新生的一代：善用新媒体，有天赋，还肯吃苦，目标明确，意志坚定。

后生可畏，请继续保持这份对厨艺的热忱，它比你想象的，更有感染力。

雷彦杰

中国西点顶厨俱乐部 TPCC 委员会委员；FHC 中国国际甜品烘焙大赛等多项赛事评委；
兰茉高等甜点厨艺学校创始人、校长；兰茉品牌创始人、行政总厨

自序

甜品——曾经的爱好，如今的理想和事业

大家好，我是抖音上的@肥猪猪的日常。以前我都是在网上和大家互动，现在首次出书，讲述我的"甜点心得"，是我第一次用"手账"这种方式记录和表达自己，谢谢你们的支持！

很多人都很好奇，问我是怎么走上美食博主这条路的，这还要从小时候说起。还很小的时候，我就对做饭这件事非常有兴趣。爸爸做饭的时候，我会踩着小板凳在旁边看。上大学期间，我学的是人物形象设计专业，毕业以后做过摄影师、化妆师。可是我对美食的兴趣一直没有放下，在外边吃到好吃的东西，就想着回家怎么"复刻"出来。告诉你们一个小秘密：我烧的红烧肉非常好吃！

不过，我最爱的还是做甜点。小时候的我，常常站在甜品店亮晶晶的玻璃橱窗前，看戴白色高帽子的小姐姐在里面给蛋糕抹奶油。大人问我"将来想做什么"，我就说我要成为里面做蛋糕的蛋糕师。现在梦想成真了。

真正开始认真做烘焙，其实是比较偶然的。因为很喜欢买甜品吃，尝到好吃的蛋糕，我就会试一下看自己能不能做

出来。做好以后给朋友们品尝，反馈非常好，很多人都想吃，朋友间互相推荐，大家都说要不你多做一点卖给我们，还有人会下单订购。我的甜品事业就这样开始了。

2015 年，我拜雷彦杰老师为师，学习法式甜品的专业知识和技能，有了老师的指导和点拨，我的甜品技能很快得到了很大提升。说到雷老师，他真的非常让人钦佩。他是中国第一位靠开法式甜品店，成为世界一流甜品大师的专业师傅。他以中国甜品师的身份受到了众多世界顶级甜品大师的肯定、褒奖、尊重和敬佩，这样质朴、传奇的人生经历给了我非常大的鼓舞，也让我在甜品师这条路上更加有方向感。

在进行了专业学习和持续训练后，我终于开始筹备开一家实体甜品店。为了开好甜品店，2017 年，在家人的支持下，我前往法国游学。31 天的游学过程中，我不仅参观了法国雷诺特顶级厨艺学院，也有幸现场观摩了在里昂举行的世界甜品师大赛（这项比赛相当于法式甜品领域的"奥运会"），了解了正宗的法式甜品，品尝了很多百年老店的镇店之宝。特别是 Pierre Hermé 甜品店的马卡龙，完全颠覆了我的既往认知，真的很酥软又不过分甜腻。

我发现，这些世界级的甜品大师，其实很多都没有什么身份背景，完全是凭借自己的爱好一点点地去钻研，才走到了行业的头部位置，这其实就是匠人精神。这也更加坚定了我要走这条路的决心。

由于用心，再加上对原材料的把控做得比较好，我的甜品店非常成功，很快从一家做到了三家，在我们当地也小有名气。

当时为了让更多人了解我的甜品，也便于他们选择喜欢的甜品，我会经常在朋友圈发一些甜品小视频，每条小视频 10 秒钟左右，我会在视频中把甜品的形态和口味都展现出来，这也为我后来向新媒体转型提供了直接帮助。

在拍摄小视频的过程中，我发现小时候学过的美术、大学里学过的形象设计、毕业后学过的摄影都派上用场了，我知道怎么把甜点拍出美感，拍出食欲。

2020 年初，受疫情影响，我开始尝试在新媒体平台发布美食视频。基于之前 3 年线下甜品店的经验积累，加上我的审美洞察，我很快找到了一个准确定位——沉浸式美食视频。通过日更 1 条、连更 400 条的努力，我的视频内容很快获得了大量粉丝的喜爱。

说到我的账号名称，因为我很喜欢猪这种小动物，觉得很可爱，就使用了"肥猪猪"作为媒体账号名。但是我做起事来，可没有小猪那么随性，我喜欢钻研，做烘焙的时候很专注，对自己要求也很严格。

到目前为止，我最受欢迎的视频是"柚子糖"那一期，有 1.1 亿播放量、385 万赞。看到数据的时候，我都惊呆了，没想到会受到这么多人的喜爱，

这也让我感到非常喜悦和幸福。

一直以来，我都喜欢分享，做好了甜品和朋友们分享，烧了好吃的菜和家人分享，看到他们满足的笑脸，自己也会很开心。而做视频在网上发布，这是和更多的人分享啊！

有些朋友看了我的视频，觉得我背后一定有"专业团队"支持；其实我的"专业团队"就是自己一个人，只有洗碗是外包给老公的。所以我的工作量比较大，要花很多时间去列近期视频拍摄的主题清单，然后想每个视频的创意，再拍摄、剪辑、发布，整个流程做下来会很久。不过，得到大家的认可，收到点赞，我也很有幸福感。

这本手账里，我设计了不同的美食场景，有一人食、两人餐、闺蜜下午茶、聚餐食单等，针对不同的场景，我推荐了不同的菜单。我自己最喜欢的场景是闺蜜下午茶，以前我经常安排这种活动！有了宝宝以后，和闺蜜聚会的机会变得很难得了。不过，就算是见不到面的时候，我也会做甜品送给她们，和她们分享同一种甜蜜、同一种心情，这也是甜品带给我的很重要的意义。

说到这里，我也想给大家分享一种甜蜜——水果冰激凌。这种冰激凌在外面不太容易买到，但是做法很简单，而且这种冰激凌非常适合小朋友，如果他不喜欢吃水果，你就可以把水果做成冰激凌，有营养、

无添加又好吃，还比较健康，颜值也很高，总之各方面都很棒！

我想和大家分享的心得则是——对我来说，做甜点的过程非常治愈，可以让我安静下来，沉浸在里面。从开始构思做什么，开始称材料，一直到做出来的这个过程，是一段"心流"时间。

现在我又有了另外一个身份——作者。能把自己小时候的爱好变成现在的事业，我很感谢粉丝们一路以来的支持，也希望大家喜欢这本书，用我尝试过的方法，创作出带有爱意的美食。本书将每个10分钟左右的视频内容，变成差不多可以在5步以内完成的菜谱，还加入了非常可爱的手绘插画，希望买到书的朋友，能够拥有和观看视频不同的体验，也希望你们可以使用书中的菜谱，和爱的人分享美食带来的美味和快乐。在书的扉页，大家可以写上自己想说的一句话，送给最重要的那个人！

目录

01 爱吃的人总会相遇

02 宠爱一人食

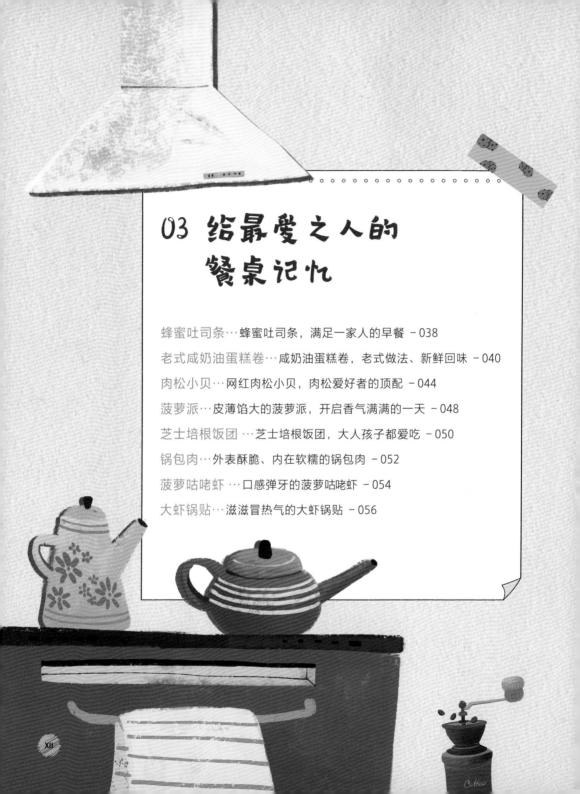

03 给最爱之人的
餐桌记忆

04 闺蜜的下午茶时光

05 制霸聚会的食单

06 好吃不胖的烘焙提案

01

愛吃的人
总会相遇

成功心法

学会预热烤箱

预热烤箱可以让食材在进入烤箱之后快速定型直至烤熟，能够最大限度减少烤制过程中的温差。一般提前 10 分钟预热，可以选择比实际需要的温度高 10~20℃，因为打开烤箱门时烤箱内温度会下降，留出温度下降的空间可以大大提高成功率哦。

不要随意修改配方替换材料

烘焙经常会遇到的问题：玉米淀粉和木薯淀粉是不是差不多？没有黄油，可以用炒菜的食用油吗？糖粉能不能用白砂糖替代？不想吃太甜的可以少点糖吧？配方里的材料能不能修改，答案当然是可以修改，但前提是经验丰富，可以创新修改。如果你是烘焙小白，最好还是按照步骤来，成品都是经过一步步试错来的，照搬材料配比才能更大限度地制作还原出口感和效果最好的甜品哦。

面粉要过筛

过筛可以去除面粉里的脏东西和受潮产生的结块，让面粉变得更加蓬松，和鸡蛋、牛奶等液体混合后也可以让面糊变得更加细腻。如果配方里有几种不同的粉，可以混合之后再一起过筛，能让粉混合得均匀，做出来的面包、蛋糕也就会变得柔软蓬松哦。

"拌" 法大不同

烘焙中的搅拌、翻拌、切拌都是怎么做的呢？最常见的混合方法就是简单画圈或者"Z"字形搅拌，避免面粉因过度搅拌而起筋。翻拌是从碗底画半弧往上翻，这个方法比较适用于做一些面糊量大的甜品，如戚风蛋糕、海绵蛋糕等，用翻拌的方法可以减少蛋白消泡。切拌则是用刮刀从面糊中间切入，再从底部翻上来进行混合，曲奇饼干、蛋挞皮、磅蛋糕这类油蛋混合类甜品用的都是切拌的手法。正确使用不同的混合手法也是提高成功率的细节之处。

不同面粉怎么选

一般面粉按照蛋白质含量从低到高分为低筋面粉、中筋面粉/普通面粉、高筋面粉。低筋面粉适合做蛋糕、饼干，中筋面粉适合做馒头、包子、饺子、饼等中式面点，高筋面粉就是做面包、面条的最佳选择。如果现有的材料不适合，也可以通过临时调配解决：

高筋面粉（1）+低筋面粉（1）=中筋面粉

高筋面粉（4）+玉米淀粉（1）=中筋面粉

中筋面粉（4）+玉米淀粉（1）=低筋面粉

高筋面粉（1）+玉米淀粉（1）=低筋面粉

沉住气

很多烘焙小白在烤的过程中经常会好奇，想看看甜品怎么样了，于是时不时打开烤箱门查看情况。这是万万不可的。烤的过程中打开烤箱门，温度会快速下降，导致烤的成品收缩、受热不均匀、不够蓬松、长不高，甚至出现布丁层没烤熟的情况。所以在烤的过程中一定要沉住气等待，烤完后在烤箱中静置几分钟再开烤箱门也能很大程度提高成功率。

厨房里的小工具和大学问

厨房常用小工具

 1.空气炸锅

 2.平底锅

 3.漏勺

 4.削皮刀

 5.酱料刷

 6.锅铲

 7.厨房剪刀

 8.晾网

 9.烤盘

 10.饼干模具

 11.裱花袋

 12.锡纸

 13.量杯

 14.面粉筛

 15.擀面杖

小工具里的大学问

1. 厨房电子秤

烘焙最讲究的就是精准，不同材料配比的一点点误差都会对成品产生很大的影响，像泡打粉、酵母之类的辅料一般用量都非常少，所以一定要使用电子秤准确称量。

2. 烤箱温度计

烤箱的温度对于烤制的食物有着决定性作用，不同品牌的烤箱对于温度的标注也都不太一样。想要做出更加完美的食物，烤箱温度计是必不可少的，它可以帮助你更加精准地掌控温度，提高成功率。

3. 隔热手套

经常在厨房"作战"难免会被烫到，隔热手套就是我们用来保护自己的最佳工具，不管是刚出炉的烤盘，还是沸腾的汤锅，都可以轻松拿取。保护好自己的双手才能更好地做出好吃的食物。

4. 电动打蛋器

想尝试做蛋糕的朋友们往往会在打发蛋白、奶油的时候被难住。蛋糕需要的面糊靠手动搅拌几乎无法完成，一个功率稳定、能够快速搅打的打蛋器就非常重要了。连续手动打半小时都打不出来的蛋白，用电动打蛋器不到 10 分钟就能完成，这是所有烘焙小白必备的省时省力好帮手！

厨房小白避坑指南

1. 使用电子秤（建议购买微量秤，它可以从 0.1g 起称），
而不是用勺、用杯来称量，因为不同的食材密度不同，会
导致误差。

2. 请不要随意替换食材，至少在成功后再进行调整。

3. 糖不是万恶之源，糖可以起到保湿的作用，还是天然防
腐剂，请不要大量减糖。

4. 所有的食材都备好后再进行制作。

5. 熟悉你的烤箱。每一台烤箱都有不同温差，需要磨合。

6. 食材的使用请遵循"先放先用"的原则，先放入的食材
先使用。

7. 永远保持工作台面的整洁。

8. 如果失败了，请勿气馁，这证明你离成功更近了一步。

宠爱
一人食

02

「蓝莓酸奶吐司」

蓝莓酸奶吐司，三分钟出锅的幸福

食材及用量

柔软的吐司几片、厚重的酸奶（固态酸奶）1~3 勺、鸡蛋黄 1 个、蓝莓若干

工具

空气炸锅、勺子、面包刀、搅拌棒、大碗

- ● 难度系数　○ ○ ○ ○ ○
- ● 喜爱程度　○ ○ ○ ○ ○
- ● 准备时长　○ ○ ○ ○ ○
- ● 推荐指数　○ ○ ○ ○ ○

制作步骤

1 将吐司切片(也可以直接购买切片的吐司);

2 将1~3勺酸奶和1个鸡蛋黄搅拌成酸奶蛋糊;

3 在吐司片中间压出小窝,将酸奶蛋糊放入并抹均匀;

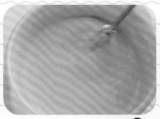

4 铺上满满的蓝莓;

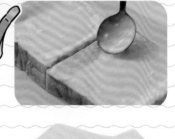

5 将吐司片放入空气炸锅中,170℃烤10分钟即可。

出炉啦!

「草莓果酱」

草莓果酱，
让你早餐自由

食材及用量

草莓适量、白砂糖 150g、
冰糖 150g、柠檬 1 个

工具

汤锅、水果刀、
玻璃碗、勺子、
撇沫勺

● 难度系数 ○○○○○	● 准备时长 ○○○○○
● 喜爱程度 ●●●○○	● 推荐指数 ●●●○○

制作步骤

一起动手试试吧！

1 将草莓去蒂，用清水洗净，切大块；

2 在碗中加入150g白砂糖，搅拌均匀后静置1小时；

3 1小时后将草莓倒入锅中，加入150g冰糖，大火煮沸，撇去浮沫；

4 中火熬至黏稠，挤1个柠檬的柠檬汁，继续熬至黏稠；

出锅啦！

5 出锅，可以看得见大颗果粒，拌酸奶、抹面包都非常棒。

「菌菇汤面」

热乎乎的菌菇汤面，
让你一整天元气饱满

食材及用量

鸡蛋2个，蘑菇、盐、
白胡椒粉、枸杞、葱
花、龙须面适量

工具

搪瓷锅、铲子

- ● 难度系数　○ ○ ○ ○ ○
- ● 喜爱程度　○ ○ ○ ○ ○
- ● 准备时长　○ ○ ○ ○ ○
- ● 推荐指数　○ ○ ○ ○ ○

制作步骤

一起动手试试吧！

1 将2个鸡蛋煎至两面金黄，煎好的鸡蛋冲入热水，大火煮3分钟；

2 放入切好的蘑菇，小火煮5分钟；加入适量盐、白胡椒粉、枸杞、葱花；

3 将龙须面煮好备用；

4 将煮好的汤头浇到提前煮好备用的龙须面上即可。

出锅啦！

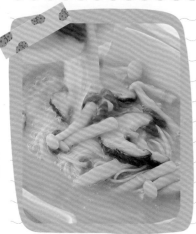

「韩式凉拌面」

下班回家，来碗
甜辣凉拌面犒劳自己

食材及用量

方便面2包、冰块适量、韩式辣酱1大勺、生抽2勺、白芝麻1勺、糖半勺、雪碧少许、温泉蛋1个、黄瓜丝少许

工具

煮面锅、勺子、大碗、调料碗

- 难度系数　◎ ● ● ○ ○
- 喜爱程度　◎ ● ● ● ○
- 准备时长　◎ ● ● ○ ○
- 推荐指数　◎ ● ● ● ○

制作步骤

一起动手试试吧!

1 将2包方便面煮熟，过冰水;

2 将韩式辣酱、生抽、白芝麻和糖搅拌均匀，倒在面上;

3 再倒入少许雪碧，将调料与方便面搅拌均匀;

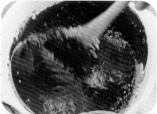

4 加入温泉蛋和黄瓜丝，拌匀即可。

出锅啦!

「土豆泥沙拉」

一人食也要营养均衡，
试试土豆泥沙拉

食材及用量

土豆5个，胡萝卜1根，鸡蛋3个，黄瓜1根，洋葱1个，盐少许，火腿丁少许，酸奶1大勺，黑胡椒粉，低卡蛋黄酱、生菜适量

工具

煮锅、漏勺、勺子、刀、切蛋器、一次性手套

- 难度系数 ● ○ ○ ○ ○
- 准备时长 ● ○ ○ ○ ○
- 喜爱程度 ● ● ● ● ○
- 推荐指数 ● ● ● ● ○

制作步骤

一起动手试试吧！

1 将土豆、胡萝卜、鸡蛋放入锅中，倒水没过食材，盖盖子大火煮开，随后小火焖煮；

2 8分钟时取出鸡蛋，放入冷水，20分钟时取出土豆、胡萝卜，冷却备用；

3 将黄瓜切片，洋葱切丝，撒盐搅拌均匀使其杀出水分，半小时后挤水备用；

4 将冷却的土豆、胡萝卜去皮，用手抓碎，鸡蛋用切蛋器切块；

5 出锅啦！

加入黄瓜片、洋葱丝、火腿丁、酸奶、黑胡椒粉、低卡蛋黄酱，搅拌均匀，直接吃或者包生菜吃。

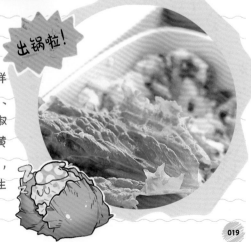

「西红柿炒蛋拌饭」

西红柿炒蛋拌饭这样做，
省事又满足

食材及用量

西红柿1~2个，鸡蛋3个，米饭、生抽、盐、糖、葱、香菜、食用油适量

工具

叉子、打蛋器、炒锅、蒸饭锅、盘子、锅铲

- ● 难度系数　○ ○ ○ ○ ○
- ● 喜爱程度　○ ○ ○ ○ ○
- ● 准备时长　○ ○ ○ ○ ○
- ● 推荐指数　○ ○ ○ ○ ○

制作步骤

1 用叉子叉住西红柿底部，在明火上烤一下；

2 将烤过的西红柿去皮，切小块备用；

3 将鸡蛋打散，热锅热油下入鸡蛋液，炒至半熟后盛出备用；

4 锅底加油，下入葱花，炒香葱花后放入西红柿；

5 西红柿炒出汁后放入生抽和1小碗水；加入糖、盐和炒至半熟的鸡蛋，炒好后撒香菜出锅；

6 直接浇到煮好的米饭上，搅拌均匀。

出锅啦!

「酱香饼」

五分钟就能搞定的
美味酱香饼

食材及用量

手抓饼1张，番茄酱1勺，豆瓣酱1勺，甜面酱1勺，五香粉半勺，孜然粉半勺，淀粉半勺，蒜末、洋葱末、白芝麻、小葱碎适量

工具

煎锅、铲子、酱料刷

- 难度系数　⚫⚫⚪⚪⚪
- 准备时长　⚫⚪⚪⚪⚪
- 喜爱程度　⚫⚫⚫⚪⚪
- 推荐指数　⚫⚫⚫⚫⚪

制作步骤

一起动手试试吧！

1 将手抓饼用小火慢慢煎透，取出备用；

2 油锅下入蒜末、洋葱末炒香；

3 锅中继续加入番茄酱、豆瓣酱、甜面酱，小火炒香，加入1勺水，以及五香粉、孜然粉、淀粉各半勺，炒匀；

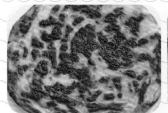

4 将炒好的酱料薄薄地刷在手抓饼上，撒上白芝麻、小葱碎即可。

出锅啦！

「酸辣柠檬虾」

酸辣柠檬虾，
好吃到配菜都不剩

食材及用量

虾、洋葱、香菜、柠檬、姜片、蒜末、小米椒、白芝麻、百香果适量，生抽2勺，蚝油1勺，鱼露2勺，糖1勺，香油1勺

工具

料理盘、煮锅、刀、漏勺、玻璃大碗、一次性手套

- 难度系数　○ ○ ○ ○ ○
- 喜爱程度　○ ○ ○ ○ ○
- 准备时长　○ ○ ○ ○ ○
- 推荐指数　○ ○ ○ ○ ○

制作步骤

一起动手试试吧!

1 虾去头、去壳,开背去虾线;

2 洋葱切丝,香菜切末,柠檬切小片;

3 虾和姜片冷水下锅,煮沸后 3~5 分钟捞出;

4 倒入配菜——蒜末、小米椒、白芝麻、百香果,以及第 2 步切好的洋葱、香菜、柠檬;

出锅啦!

5 加入生抽、蚝油、鱼露、糖、香油,用手抓拌均匀即可。

「清爽解腻娃娃菜」

清爽解腻娃娃菜，
一个人也能吃得爽

食材及用量

娃娃菜、葱末、蒜末、小米椒、辣椒面、白芝麻、糖、鸡精、食用油适量，生抽4勺，陈醋2勺，蚝油1勺

工具

锅、调料碗、勺子

● 难度系数 ○○○○○　● 准备时长 ○○○○○

● 喜爱程度 ○○○○○　● 推荐指数 ○○○○○

制作步骤

一起动手试试吧!

1 将娃娃菜切条撒盐, 抓匀, 放置半小时杀出水分;

2 调料汁——料碗中放入葱末、蒜末、小米椒、辣椒面、白芝麻、糖、鸡精, 浇上热油, 再加入4勺生抽、2勺陈醋、1勺蚝油, 搅匀备用;

3 腌好的菜用白开水洗去咸味;

4 洗好的菜倒入料汁, 抓拌均匀即可。

出锅啦!

「可乐鸡翅」

啃可乐鸡翅看剧的
周末时光

食材及用量

鸡翅8~12个，可乐、葱、姜、料酒、生抽、老抽、鸡精、盐、白芝麻适量

工具

汤锅、煎锅、铲子、漏勺、夹子

- ● 难度系数　○ ○ ○ ○ ○
- ● 喜爱程度　○ ○ ○ ○ ○
- ● 准备时长　○ ○ ○ ○ ○
- ● 推荐指数　○ ○ ○ ○ ○

制作步骤

一起动手试试吧!

1 将生鸡翅两面各划两刀，焯水，水中放入葱、姜、料酒去腥；

2 鸡翅焯水后捞出，放入煎锅中煎至两面金黄；

3 锅中倒入生抽、老抽，放入葱、姜，加入鸡精、少许盐，倒上可乐没过鸡翅；

4 大火烧开，小火收汁；

5 鸡翅出锅前撒上白芝麻即可。

出锅啦!

「凉拌鸡胸肉丝」

美味又健康的
中式减脂大拌菜

食材及用量

鸡胸肉、葱、姜、料酒、蒜末、花椒粉、小米椒、辣椒面、白芝麻、食用油、黄瓜丝、生抽、陈醋、蚝油、盐、糖、香菜适量

工具

汤锅、撇沫勺、大碗、调料碗、一次性手套

- ● 难度系数 ○ ○ ○ ○
- ● 准备时长 ○ ○ ○ ○
- ● 喜爱程度 ○ ○ ○ ○
- ● 推荐指数 ○ ○ ○ ○

制作步骤

一起动手试试吧!

1 鸡胸肉冷水下锅，加入葱、姜、料酒，煮开后撇去浮沫，捞出，撕成鸡丝备用；

2 加入黄瓜丝；

3 碗中放入蒜末、花椒粉、小米椒、辣椒面、白芝麻，浇上热油，加入生抽、陈醋、蚝油、盐、糖，搅拌均匀；

4 淋入酱汁，可酌情加入香菜，抓拌均匀即可。

出锅啦!

「芝士牛奶火鸡面」

香浓芝士配火鸡面，
谁能拒绝这种诱惑

食材及用量

火鸡面、年糕条、芝士、
牛奶、海苔碎适量

工具

煮面锅、汤勺、笊篱

- 难度系数　○ ○ ○ ○
- 喜爱程度　● ● ● ○
- 准备时长　● ○ ○ ○
- 推荐指数　● ● ● ○

制作步骤

一起动手试试吧!

1 热水下入火鸡面和年糕条,煮至八分熟;

2 舀出大部分热水,倒入 1 小碗牛奶;

3 加入火鸡面调料包搅拌均匀;

4 撒芝士,加盖,最小火等 3 分钟;

5 开盖,撒海苔碎。

出锅啦!

奶香芝士烤红薯

又甜又香的烤红薯，一口难忘

食材及用量

红薯肉500g、炼乳40g、融化黄油20g、芝士适量

工具

蒸锅、锡纸、勺子、烤箱

- 难度系数　○ ○ ○ ○ ○
- 准备时长　○ ○ ○ ○ ○
- 喜爱程度　○ ○ ○ ○ ○
- 推荐指数　○ ○ ○ ○ ○

制作步骤

一起动手试试吧!

1
将红薯洗净，
对半切开，蒸熟；

2
蒸好的红薯用锡
纸包起来固定；

3
用勺子把红薯肉挖
出，每500g红薯
肉加入40g炼乳、
20g融化黄油，搅
拌均匀；

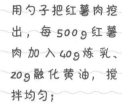

4
将加工好的红薯肉填回
红薯皮中，撒一层芝士；

5
烤箱预热，
210℃烤15
分钟即可。

出炉啦!

给最爱之人的餐桌记忆

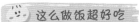 这么做饭超好吃

「蜂蜜吐司条」

蜂蜜吐司条，
满足一家人的早餐

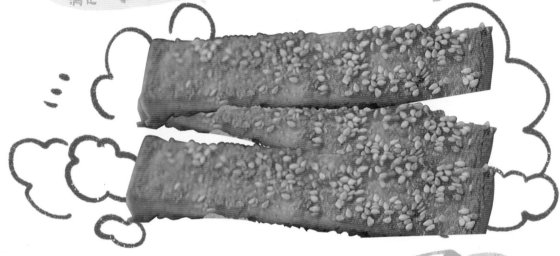

食材及用量

吐司片适量，黄油1小块，蜂蜜、白芝麻适量

工具

面包刀、烤箱、煎锅、锅铲、一次性手套

- 难度系数　◎ ○ ○ ○ ○　　● 准备时长　○ ○ ○ ○ ○
- 喜爱程度　◎ ○ ○ ○ ○　　● 推荐指数　○ ○ ○ ○ ○

制作步骤

一起动手试试吧!

1 将吐司片切条;

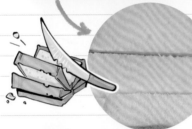

2 小火融化1小块黄油;

3 加入适量蜂蜜、白芝麻,将吐司条两面沾均匀;

4 在烤盘上摆好,180℃烤 10~15 分钟即可。

出炉啦!

「老式咸奶油蛋糕卷」

咸奶油蛋糕卷，
老式做法、新鲜回味

食材及用量

杏仁片适量、玉米油50g、牛奶50g、低筋面粉60g、鸡蛋5个、柠檬汁适量、细砂糖60g、黄油50g、海盐2g、常温淡奶油150g、糖粉适量

工具

烤箱、玻璃碗、搅拌棒、勺子、打蛋器、铲子、蛋糕模具（28cm×28cm）、晾网

- 难度系数 〇〇〇〇〇
- 准备时长 〇〇〇〇〇
- 喜爱程度 〇〇〇〇〇
- 推荐指数 〇〇〇〇〇

制作步骤

一起动手试试吧!

做超柔软、不开裂
的蛋糕卷——50g
玉米油、50g牛奶搅
拌均匀，加入60g
低筋面粉，搅匀;

1 将杏仁片160℃烤
10~15分钟，烤至
金黄色备用;

2

3 打5个鸡蛋，取出蛋
黄加入蛋糕糊中拌匀;

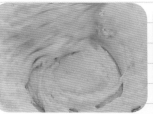

4

蛋白中加几滴柠檬
计，先打出粗粗的大
泡沫，将60g细砂糖
分三次加入蛋白打
发，打到可以拉出大
弯钩的状态;

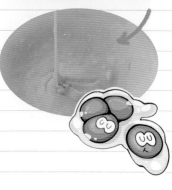

5 将蛋白分两次加
入蛋黄糊拌匀;

 从高处倒入模具，抹平、震盘；

7 放入预热好的烤箱，170℃烤 20~25 分钟，表面金黄上色即可；

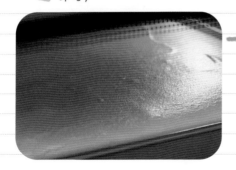

拿出后放到晾网上晾凉备用；

8

9

做老式咸奶油——50g 黄油软化，加入 10g 细砂糖、2g 海盐，打发均匀；

10

将150g常温淡奶油分两次打发，打到质地蓬松顺滑；

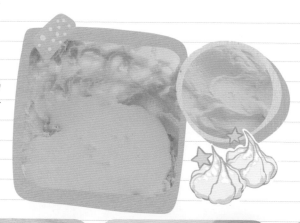

11

将一大半奶油抹到蛋糕上，将蛋糕卷起；

12

将剩下的奶油抹到表面，撒上烤好的杏仁片、装饰用的糖粉。

完成啦！

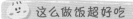 这么做饭超好吃

「肉松小贝」

网红肉松小贝，
肉松爱好者的顶配

食材及用量

海苔肉松适量、鸡蛋8个、牛奶60g、低筋面粉56g、细砂糖90g、柠檬汁适量、可生食鸡蛋1个、糖30g、盐2g、奶粉30g、白醋20g、玉米油200g

工具

烤箱、玻璃碗、打蛋器、面粉筛、铲子、裱花袋、一次性手套

- ● 难度系数　○○○○○
- ● 准备时长　○○○○○
- ● 喜爱程度　○○○○○
- ● 推荐指数　○○○○○

制作步骤

1 小贝蛋糕坯——打8个鸡蛋,蛋白、蛋黄分离;

2 将蛋黄打散,加入60g牛奶,搅拌均匀后筛入56g低筋面粉,搅拌均匀,蛋黄糊便做好了;

3 蛋白中加入几滴柠檬汁,打发,将90g细砂糖分三次加入,打发至硬性发泡;

将打发的蛋白分三
次拌入蛋黄糊；

装入裱花袋，挤出想要的大小，放入预热好的烤箱，
170℃烤 20 分钟左右，表面微微上色即可；

做沙拉酱——可生食鸡蛋1个、糖
30g、盐2g、奶粉30g、白醋20g，全
部混合均匀，将200g玉米油分多次慢
慢加入，打发即可；

将两块蛋糕坯全部裹满沙拉酱，对在一起，放入
海苔肉松中滚一下，让其表面裹满海苔肉松即可。

出炉啦！

「菠萝派」

皮薄馅大的菠萝派，
开启香气满满的一天

食材及用量

菠萝 1 个，黄油 15g，
糖 100g，淀粉 10g，
蛋挞皮、蛋黄液适量

工具

不粘锅、锅铲、玻璃大
碗、黄油刀、冷却盘、
保鲜膜、烤箱、蛋液刷

- ● 难度系数　○ ○ ○ ○ ○
- ● 准备时长　○ ○ ○ ○ ○
- ● 喜爱程度　○ ○ ○ ○ ○
- ● 推荐指数　○ ○ ○ ○ ○

制作步骤

一起动手试试吧!

1 将菠萝切丁;

2 小火融化黄油,菠萝丁加糖入锅翻炒、煮制,小火煮到出汁,再到透明,淋入水淀粉,继续翻炒至黏稠拉丝的状态;

3 平铺入冷却盘,覆保鲜膜冷藏备用;

4 将蛋挞皮整齐摆放入烤箱盘,放入冷藏好的菠萝馅,等皮变软后轻轻捏住,不要捏太紧,蛋挞皮表面刷蛋黄液、切小口,放入预热好的烤箱190℃烤制20分钟,出炉。

出炉啦!

「芝士培根饭团」

芝士培根饭团，
大人孩子都爱吃

食材及用量

米饭、生菜碎、胡萝卜碎、海苔碎、芝士片、培根适量，生抽2勺，蜂蜜2勺，蚝油1勺，整片海苔、白芝麻适量

工具

不锈钢大碗、一次性手套、煎锅、夹子、刷子

- 难度系数　○ ● ● ○
- 喜爱程度　○ ● ● ○
- 准备时长　○ ○ ● ○
- 推荐指数　○ ● ○ ○

制作步骤

一起动手试试吧!

1 将刚出锅的米饭和生菜碎、胡萝卜碎、海苔碎倒入大碗,拌匀握成饭团;

2 培根上铺上芝士片后,将饭团放入卷起;

3 海苔剪条将培根饭团围住;

4 中火煎至培根熟透,刷秘制酱汁——生抽2勺、蜂蜜2勺、蚝油1勺;

5 出锅时撒上白芝麻即可。

出锅啦!

「锅包肉」

外表酥脆、内在软糯的锅包肉

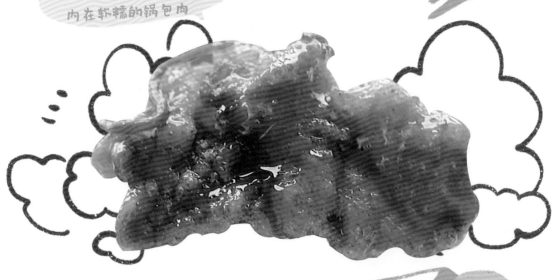

食材及用量

瘦猪肉、盐、油适量，小苏打半勺，土豆淀粉2大勺，鸡精适量，糖1大勺，醋大半勺，生抽1小勺，葱丝、姜丝、胡萝卜丝适量

工具

一次性手套、大玻璃碗、晾架、勺子、不锈钢大碗、炸锅、笊篱、勺子、铲子

- 难度系数　　○ ○ ○ ○ ○
- 喜爱程度　　○ ○ ○ ○ ○
- 准备时长　　○ ○ ○ ○ ○
- 推荐指数　　○ ○ ○ ○ ○

制作步骤

一起动手试吧!

1 将瘦猪肉切厚片,加半勺小苏打、小半碗水,抓3分钟,水变成浆状后用清水将肉片冲洗干净;

2 将处理好的肉片放入大碗中,加入一点盐、半勺油、2大勺土豆淀粉、1大勺水(根据肉量增减),抓匀,让每一片肉都包裹着粉浆;

3 锅中倒入食用油,油温到200℃时滑动下入肉片,这样肉片不易沉底粘锅,炸到肉变色时捞出,待油温升高再下入肉片复炸半分钟,炸好的肉片放到晾架上晾着;

4 调灵魂酱汁——盐适量、鸡精适量、糖1大勺、醋大半勺、生抽1小勺,搅匀,油热后爆香少量葱、姜丝,倒入调好的料汁,煮沸后倒入剩余的葱丝、姜丝、胡萝卜丝;

5 将炸好的肉片倒入灵魂酱汁中翻拌均匀即可。

出锅啦!

「菠萝咕咾虾」

口感弹牙的菠萝咕咾虾

食材及用量

菠萝、大虾、葱、姜、料酒适量，玉米淀粉120g，鸡蛋2个，盐适量，番茄酱4勺，糖半勺，米醋3勺，彩椒、葱白、水淀粉适量

工具

大玻璃碗、勺子、打蛋器、炸锅、炒锅、铲子

● 难度系数　○○○○○　　● 准备时长　○○○○○

● 喜爱程度　○○○○○　　● 推荐指数　○○○○○

制作步骤

一起动手试试吧！

1 将大虾用清水洗净，开背、去壳、去虾线，放葱、姜、料酒腌制一会儿备用；

2 准备1个菠萝，挖出果肉备用（注意保持菠萝壳完整）；

3 调炸虾面糊——玉米淀粉120g、鸡蛋2个、盐少许，搅拌成糊状；

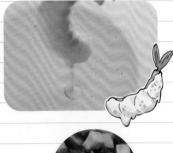

4 将剥好的虾裹上面糊，油温六成热时下入虾，炸至金黄酥脆；

5 另起锅，倒少许油炒葱白，倒入酱汁（4勺番茄酱、半勺盐、半勺糖、3勺米醋、半碗水），煮开后放入菠萝和彩椒丁，再加入少许水淀粉；

6 最后放入炸好的虾仁，翻拌均匀出锅，装入菠萝壳中即可。

出锅啦！

「大虾锅贴」

滋滋冒热气的大虾锅贴

食材及用量

黑虎虾、料酒、黑胡椒粉、葱、姜、花椒、八角适量，猪肉泥400g，鸡蛋1个，生抽2勺，蚝油1勺，白胡椒粉2g，十三香2g，香油半勺，盐适量，玉米粒150g，饺子皮、食用油、黑芝麻、面粉、小香葱适量

工具

平底煎锅、大玻璃碗、剪刀、一次性手套、笊篱、刷子

- ● 难度系数　○ ● ● ● ○
- ● 喜爱程度　○ ● ● ● ○
- ● 准备时长　○ ● ● ● ○
- ● 推荐指数　○ ● ● ● ○

制作步骤

一起动手试试吧!

1 将黑虎虾洗净,去头、去壳、去虾线,加入料酒、黑胡椒粉腌制一会儿;

2 将葱、姜、花椒、八角倒入开水泡出香味,冷却后捞出,留葱姜水备用;

3 调万能的肉馅——猪肉泥400g、鸡蛋1个、生抽2勺、蚝油1勺、白胡椒粉2g、十三香2g、香油半勺、盐适量,抓匀,分次倒入150g葱姜水和150g玉米粒,最后放适量葱花、30g热油;

4 用饺子皮包肉馅和虾仁,中间捏紧;

5 锅底刷油,放入锅贴,小火煎至底部微黄,倒入面粉水(面粉10g、水100g、油10g),盖盖子小火焖5分钟;

6 出锅撒黑芝麻和小香葱碎。

「照烧鸡肉丸」

好吃不胖的照烧鸡肉丸

食材及用量

鸡胸肉1块、老豆腐100g、料酒2勺、生抽1勺、黑胡椒粉半勺、盐适量、生抽2勺、老抽1勺、料酒2勺、蚝油1勺、蜂蜜2勺、水小半碗、淀粉1勺、白芝麻适量

工具

汤锅、铲子、一次性手套、大玻璃碗、竹签、勺子

- ● 难度系数　○ ● ○ ○ ○
- ● 喜爱程度　○ ● ● ● ○
- ● 准备时长　○ ● ● ○ ○
- ● 推荐指数　○ ● ● ● ○

制作步骤

一起动手试试吧！

1

将鸡胸肉剁成肉泥；

2

加入 100g 老豆腐、2 勺料酒、1 勺生抽、半勺黑胡椒粉、少许盐，用手抓匀；

3

用勺子挖鸡胸肉球，放入沸水，煮熟后捞出；

4

将肉丸放入锅内，加入生抽 2 勺、老抽 1 勺、料酒 2 勺、蚝油 1 勺、蜂蜜 2 勺、水小半碗、淀粉 1 勺，小火烧至黏稠，撒白芝麻出锅；

5

出锅啦！

用竹签三个一组地把鸡肉丸穿起来。

「脆皮豆腐」

外酥里嫩的脆皮豆腐

食材及用量

豆腐1盒，玉米淀粉50g，低筋面粉50g，黏米粉50g，泡打粉10g，鸡粉15g，椒盐、辣椒粉、食用油适量

工具

玻璃碗、量杯、一次性手套、笊篱、搅拌棒、大勺

● 难度系数　○○○○○　　● 准备时长　○○○○○

● 喜爱程度　○○○○○　　● 推荐指数　○○○○○

制作步骤

一起动手试试吧！

制作灵魂裹粉——玉米淀粉50g、低筋面粉50g、黏米粉50g、泡打粉10g、鸡粉15g、椒盐7g、辣椒粉2g，混合均匀；

1 将豆腐切小块；

2

3 放入豆腐，均匀地裹上粉，粉受潮后再沾一次粉；

4 油五成热时放入豆腐块，小火炸2分钟定型，转中火炸至金黄色；

5 滤油，出锅后撒上辣椒粉和椒盐。

出锅啦！

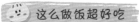

「土豆的三种吃法」

土豆的三种酥脆做法，
让你停不下来

食材及用量

土豆6个，盐适量，黑胡椒粉适量，玉米淀粉80g，芝士、食用油、番茄酱、蜂蜜芥末酱适量

工具

大玻璃碗、削皮器、汤锅、漏勺、勺子、一次性手套、圆形和长方形模具、煎锅

- 难度系数　○ ○ ○ ○ ○　● 准备时长　○ ○ ○ ○ ○
- 喜爱程度　○ ○ ○ ○ ○　● 推荐指数　○ ○ ○ ○ ○

制作步骤

一起动手试试吧！

1

将土豆洗净，削皮切块，放入汤锅中焖煮4~5分钟；

2 将煮好的土豆压成土豆泥，加入少许盐、黑胡椒粉、80g玉米淀粉，用手抓匀；

3 放入模具中压成长方块，一部分切长条，一部分用模具压成圆形，圆形的印出笑脸；

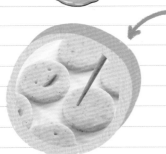

4 将剩余部分做成球状，里面填入芝士；

5 油温五成热时下锅炸，炸至金黄捞出，即可得到黄金芝士薯球、笑脸薯饼和长薯条；

6 黄金芝士薯球配番茄酱，笑脸薯饼配番茄酱和蜂蜜芥末酱，长薯条淋上番茄酱和蜂蜜芥末酱。

「暖胃疙瘩汤」

热乎乎的疙瘩汤，
温暖就要分享

食材及用量

西红柿 2~3 个，鸡蛋 1~2 个，面粉、食用油、酱油、葱末、蒜末、香菜、香油、盐适量

工具

叉子、矿泉水瓶、玻璃碗、汤锅、勺子

- 难度系数　○○○○○
- 喜爱程度　○○○○○
- 准备时长　○○○○○
- 推荐指数　○○○○○

制作步骤

一起动手试试吧!

1

将熟透的西红柿用叉子叉着底部放在小火上烤破皮,去皮切块;

2 矿泉水瓶盖扎洞,玻璃碗中放入面粉,一边喷水一边搅面,搅成小疙瘩状;

3 热锅热油,下入葱末、蒜末,下入西红柿,炒出汁后加入少许酱油;

4 锅中加入热水,水开后下入面疙瘩,煮2~3分钟,面疙瘩熟后淋入鸡蛋液;

5 放少许盐、香油,蛋液凝固后再搅动,出锅前加入香菜或葱花。

出锅啦!

067

「香辣脆脆萝卜干」

香辣脆脆萝卜干，
下饭神器

食材及用量

青萝卜 2500g，食用油适量，盐 60g，辣椒粉、白芝麻、花椒粉、糖、鸡精适量，香醋 1 勺，生抽 1 勺

工具

大塑料盒、筲箕、大玻璃碗、一次性手套、夹子

- ● 难度系数　○ ○ ○ ○ ○
- ● 喜爱程度　○ ○ ○ ○ ○
- ● 准备时长　○ ○ ○ ○ ○
- ● 推荐指数　○ ○ ○ ○ ○

制作步骤

一起动手试试吧！

1 将青萝卜洗净，切两段，再切成大概手指粗细的长条；

2 将切好的萝卜和60g盐混合，盖盖子晃均匀，腌制2小时使萝卜失水；

3 滤掉水，平铺到笸箩里，放在通风的地方晾晒3天；

4 完全晒干后倒入大碗中，倒入热水洗掉灰尘；

5 滤水后加入辣椒粉、白芝麻、花椒粉、糖、鸡精、热油，再来1勺香醋、1勺生抽，拌匀即可。

出锅啦！

「脆脆腌黄瓜咸菜」

脆黄瓜咸菜，
家庭必备解腻小食

食材及用量

黄瓜、盐适量，蒜片 100g，
小米椒 70g，生抽 300g，
米醋 100g，糖 200g，辣椒
花椒油 100g，白芝麻 100g

工具

笸箩、大塑料盒、
一次性手套

● 难度系数 ○ ○ ● ○ ○　● 准备时长 ○ ○ ● ○ ○

● 喜爱程度 ○ ○ ○ ● ○　● 推荐指数 ○ ○ ○ ○ ●

制作步骤

一起动手试试吧！

1 选带刺的黄瓜，洗净，切成条，去瓤，切段；

2 放入大容器内，撒盐拌匀，腌制1小时使其失去部分水分；

3 白开水清洗两次去盐，平铺晾晒半小时；

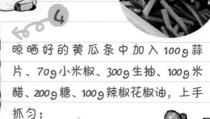

4 晾晒好的黄瓜条中加入100g蒜片、70g小米椒、300g生抽、100g米醋、200g糖、100g辣椒花椒油，上手抓匀；

5 放入100g白芝麻，拌匀即可。

出锅啦！

「爆汁糖葫芦」

爆汁糖葫芦，给小朋友
一个欢呼的理由

食材及用量

小番茄、乌梅、白砂糖、
食用油适量

工具

小煎锅、大玻璃碗、
小木棍、勺子、油纸

- 难度系数 ⊙⊙⊙⊙⊙
- 喜爱程度 ⊙⊙⊙⊙⊙
- 准备时长 ⊙⊙⊙⊙⊙
- 推荐指数 ⊙⊙⊙⊙⊙

制作步骤

一起动手试吧！

1 将小番茄洗净，去蒂，切一刀开口；

2 将乌梅切条，夹到小番茄里；

3 将夹好的乌梅小番茄穿在小木棍上；

4 锅中按 1 : 1 的比例加入糖和水，开大火煮沸，冒小泡泡时调到小火，糖浆微微变黄时放一点到凉水里，如果拿出来变得脆脆的就说明煮好了；

5 关火放入乌梅小番茄串转一圈，将裹满糖浆的乌梅小番茄串放在油纸上晾凉即可。

出锅啦！

「酥脆的棉花糖」

大小朋友的童年回忆，
酥脆的棉花糖

食材及用量

棉花糖、各种果干、
饼干适量

工具

烤箱

● 难度系数	◐	○	○	○	● 准备时长	○	○	○	○	○
● 喜爱程度	◐	○	○	○	● 推荐指数	○	○	○	○	○

制作步骤

一起动手试试吧！

1

将棉花糖整齐地摆在烤盘上，放入预热好的烤箱，125℃烤 30 分钟；

2

准备果干、饼干，快速按入烤好的棉花糖中；

5

出锅啦！

冷却即可。

「酒鬼花生」

酒鬼花生，
永不过时的追剧伴侣

食材及用量

花生、盐、糖、食用油、干辣椒、花椒、麻椒、八角适量

工具

大盆、密封袋、笸箩、笊篱、大玻璃碗、炸锅、铲子

- ● 难度系数　○ ○ ○ ○ ○
- ● 喜爱程度　○ ○ ○ ○ ○
- ● 准备时长　○ ○ ○ ○ ○
- ● 推荐指数　○ ○ ○ ○ ○

制作步骤

一起动手试试吧!

1 温水浸泡花生几个小时，泡好后用手把皮搓掉；

2 将去皮的花生仁装入密封袋，放入冰箱冷冻一晚；

3 将冷冻好的花生仁冷油下锅，中小火炸8分钟左右捞出，油烧热后复炸一次，炸到微微变黄捞出；

4 锅中留点底油，放入干辣椒、花椒、麻椒、八角，小火炒香；

出锅啦!

5 倒入花生炒匀，关火放入盐、糖调味，炒好盛出晾凉即可。

「手揉鸡腿面包」

松软面包配喷香鸡腿，
动了谁的童年记忆

食材及用量

鸡腿（或鸡翅根）、葱、姜、生抽、奥尔良腌料适量，高筋面粉 200g，糖 40g，盐 3g，鸡蛋 50g，淡奶油 15g，干酵母 3g，软化黄油 30g，马苏里拉芝士适量，芝士粉 50g，甜椒粉 18g，白芝麻 15g

工具

腌制盘、保鲜膜、一次性手套、烤箱、锡纸、大玻璃碗、铲子、面粉铲、勺子

- ● 难度系数　○ ○ ○ ● ○
- ● 喜爱程度　○ ○ ○ ○ ○
- ● 准备时长　○ ○ ○ ○ ○
- ● 推荐指数　○ ○ ○ ○ ○

制作步骤

1 腌制鸡腿（这里使用的是鸡翅根）——鸡翅根两面各划两下，放入葱、姜、生抽、奥尔良腌料，抓匀封上保鲜膜腌制 1 小时；

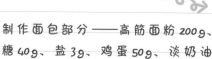

2 腌好后摆放在烤盘上，200 ℃ 烤 30 分钟，烤好后在根部包上锡纸；

3 制作面包部分——高筋面粉 200g、糖 40g、盐 3g、鸡蛋 50g、淡奶油 15g、水 80g，搅匀后盖上保鲜膜，等待 1 小时（水解）；

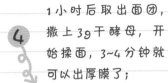
4 1小时后取出面团，撒上 3g 干酵母，开始揉面，3~4 分钟就可以出厚膜了；

5 放入 30g 软化黄油，继续揉，5~6 分钟后阻力越来越大，开始摔面（摔下去，叠起来，再从一侧摔下去），很快就出薄膜了；

6 出薄膜后放入碗中，覆盖保鲜膜松弛 15 分钟，松弛好后直接分割成 6 块，每一块都轻轻揉圆，盖上保鲜膜松弛 20 分钟；

7 整形——面团两面铺上面粉，按压成饼，翻过来，铺上马苏里拉芝士，放入鸡腿，再铺一层马苏里拉芝士，如图包起来；

8

调蘸料——芝士粉 50g、甜椒粉 18g、白芝麻 15g，搅匀即可；

9

给面包表面喷水，裹上蘸料，发酵 40 分钟，按压表面很快回弹即发酵完成；

10

出锅啦！

烤箱 180℃烤 15 分钟即可。

04

闺蜜的
下午茶
时光

「歌剧院蛋糕」

歌剧院蛋糕，
致优雅的你

食材及用量

黑巧克力 160g，牛奶 48g，淡奶油 45g，黄油 290g，细砂糖 95g，鸡蛋 1 个，速溶咖啡 20g，榛子酱 55g，咖啡糖浆、可食用金箔、咖啡味蛋糕适量

工具

大玻璃碗、搅拌棒、铲子、保鲜膜、煮锅、打蛋器、烤箱、模具、面包刀、镊子、刷子

● 难度系数　　● 准备时长

● 喜爱程度　　● 推荐指数

制作步骤

一起动手试试吧!

1 将黑巧克力切碎;

2 制作甘纳许——黑巧克力碎 160g、加热牛奶 48g、加热淡奶油 45g,隔热水搅拌,乳化均匀后加入 50g 黄油,乳化均匀后保鲜膜贴面密封,冷藏备用;

3 制作奶油霜——95g 细砂糖、30g 水煮沸,取 1 个鸡蛋的蛋白打发,糖水煮到 118℃ 关火,慢慢倒入蛋白中,打发到温度降至 40℃;

5 烤咖啡味的蛋糕,切出想要的大小后开始组装;

4 放入 240g 软化黄油,打蛋器打发至蓬松,加入 20g 速溶咖啡、55g 榛子酱,打发均匀;

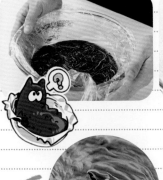

6 在蛋糕表面刷上咖啡糖浆,再刷一层薄薄的奶油霜,再来一层蛋糕,每层蛋糕都要刷咖啡糖浆;

7 再来一层甘纳许,最后再叠两层蛋糕和奶油霜,最上面再刷一层甘纳许,上面点缀可食用金箔即可。

迷人黑森林

迷人黑森林，甜丝丝的午后时光

食材及用量

车厘子适量、细砂糖 130g、朗姆酒 40g、黑巧克力适量、玉米油 45g、温牛奶 55g、可可粉 15g、低筋面粉 30g、玉米淀粉 15g、鸡蛋 4 个、淡奶油 500g

工具

大玻璃碗、烤箱、勺子、保鲜膜、小奶锅、平盘、刮铲、刮皮器、铲子、筛网、打蛋器、6 寸蛋糕模具、油刷、黄油刀

- 难度系数　●●●○○
- 喜爱程度　●●●●○
- 准备时长　●●●●○
- 推荐指数　●●●●●

制作步骤

1

将车厘子洗净去把，切两半去核，取去核车厘子250g、细砂糖30g、朗姆酒40g混合拌匀，冷藏一夜；

2

将一大把黑巧克力切碎，上锅最小火搅拌融化，倒入平盘中整理平整，冷冻10分钟，用刮皮器刮出巧克力薄片；

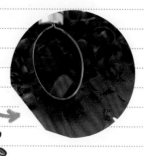

3

制作蛋糕坯——玉米油45g、温牛
奶55g、可可粉15g，搅拌均匀，加
入低筋面粉30g、玉米淀粉15g，拌
匀，加入4个蛋黄，拌匀；

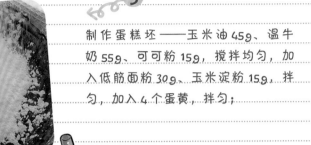

4

将4个蛋白打发，60g细砂
糖分3次加入，打发；

5

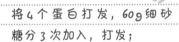

将打发的蛋白分
2次加到面糊里，
搅拌均匀后倒入
6寸模具；

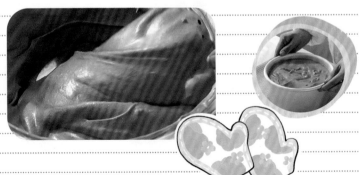

6

放入预热好的
烤箱，170℃烤
40分钟左右；

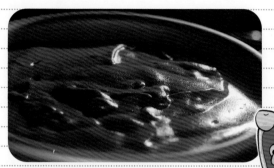

7

将泡好的樱桃酒刷到蛋糕表
面，500g淡奶油加入40g细
砂糖打发，在蛋糕表面刷一
层打发的奶油；

8

每层都摆上酒渍樱桃，随
意抹面，外面粘上巧克力
碎片，顶面装饰奶油和完
整带把的新鲜樱桃。

完成啦!

「西瓜冰奶盖」

一杯西瓜冰奶盖，清爽入夏

食材及用量

西瓜适量、奶油奶酪 55g、海盐 3g、牛奶 100g、炼乳 70g、淡奶油 250g、绿茶适量

工具

破壁机、带盖塑料盒、搅拌棒、奶锅、大玻璃碗、打蛋器、勺子、吸管

- 难度系数 ●●○○○
- 准备时长 ●●○○○
- 喜爱程度 ●●●○○
- 推荐指数 ●●●○○

制作步骤

一起动手试试吧!

1 将西瓜切块,装盒放入冰箱备用;

2 制作灵魂奶盖——奶油奶酪55g、海盐3g、牛奶100g、炼乳70g,小火加热搅拌至奶酪融化,奶酪酱熬成后放凉备用;

3 将250g淡奶油打发到流动状态,倒入熬好的奶酪酱,搅拌均匀,装入盒子随吃随取;

4 冻好的西瓜中加入适量绿茶,用破壁机打碎;

5 倒入杯子,加满奶盖即可。

完成啦!

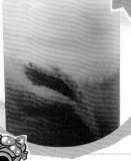

「空气舒芙蕾」

空气舒芙蕾，
三个鸡蛋就搞定

食材及用量

鸡蛋3个（蛋白、蛋黄分开使用），糖1勺，盐、黄油、蜂蜜适量

工具

平底煎锅、锅铲、玻璃大碗、打蛋器、刮刀

- ● 难度系数　●●●○○
- ● 喜爱程度　●●●●○
- ● 准备时长　●●●○○
- ● 推荐指数　●●●●○

制作步骤

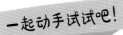
一起动手试试吧！

1 碗中打入鸡蛋，将蛋白、蛋黄分离；

2 将蛋黄加适量盐打散，蛋白加1勺糖打发，并将蛋黄加入打发的蛋白中，搅匀；

3 平底锅开小火刷黄油；

4 倒入蛋糊并用刮刀整理平整；

5 盖盖子，开最小火，5分钟后折叠出锅；

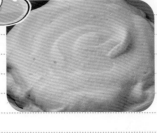

6 淋上蜂蜜即可。

完成啦！

「真水果冰激凌」

让小姐妹忍不住发朋友圈的真水果冰激凌

食材及用量

哈密瓜、菠萝、橙子、桃子适量，奶油200g，糖20g，牛奶100g（每个水果1份），菠萝肉220g左右，炼乳25g（每个水果1份）

工具

破壁机、勺子、保鲜膜、打蛋器、铲子

- 难度系数　●●●○
- 喜爱程度　●●●●
- 准备时长　●●●●
- 推荐指数　●●●●

制作步骤

一起动手试试吧!

1 把哈密瓜、菠萝、橙子、桃子的果肉掏空,保留完整果壳,挖出的果肉分别打碎,冷藏备用;

2 制作冰激凌基底——奶油200g、糖20g,打发至6分发;

3 菠萝味——将打发的奶油与100g牛奶、220g左右的菠萝肉、25g炼乳混合,哈密瓜、桃子、橙子都按此比例做;

4 将所有材料混合均匀后,冷冻40分钟,冻好后搅拌2分钟,连续冻3~4次,就会变成如图的松软状态;

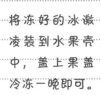

完成啦!

5 将冻好的冰激凌装到水果壳中,盖上果盖冷冻一晚即可。

「三色曲奇」

高颜值小曲奇，
简单又好做

食材及用量

黄油 100g、糖粉 40g、蛋清 15g、香草精适量、低筋面粉 120g、可可粉 5g、抹茶粉 5g

工具

烤箱、裱花袋、铲子、大玻璃碗、面粉筛

● 难度系数   ● 准备时长

● 喜爱程度   ● 推荐指数

制作步骤

一起动手试试吧!

1 将 100g 黄油软化,加入 40g 糖粉拌匀;

2 加入 15g 蛋清、一点香草精,再次拌匀,拌至顺滑,颜色稍微变浅;

3 筛入 120g 低筋面粉,巧克力味道的把 5g 面粉替换成可可粉,抹茶味道的把 5g 面粉替换成抹茶粉;

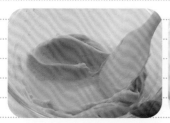

4 将三种味道的面粉糊分别拌匀,拌至无粉感即可;

5 装入裱花袋,挤出造型,冷冻半小时后放入预热好的烤箱,175℃烤 15 分钟即可。

出炉啦!

「冰激凌小泡芙」

一口一个的
冰激凌小泡芙

食材及用量

黄油50g、盐1g、低筋面粉75g、鸡蛋4~5个、玉米淀粉20g、细砂糖55g、牛奶200g、淡奶油100g、香草精1滴

工具

炒锅、烤箱、黄油刀、铲子、玻璃碗、裱花袋、搅拌棒、打蛋器、保鲜膜

● 难度系数　●●●●○

● 准备时长　●●●○○

● 喜爱程度　●●●●○

● 推荐指数　●●●●○

制作步骤

一起动手试试吧!

1 锅中加入50g黄油、130g水、5g细砂糖、1g盐，加热至沸腾关火，倒入75g低筋面粉，拌匀后，开小火炒1分钟；

2 打2~3个鸡蛋，搅散，分次加入炒好的面糊，直到如图中的状态；

3 将面糊装入裱花袋，挤到烤盘上，放入预热好的烤箱200℃烤15分钟，再调至170℃烤15分钟；

4 做卡仕达酱——2个蛋黄和20g玉米淀粉搅拌成蛋黄糊，50g细砂糖和200g牛奶混合，煮至微微沸腾时倒入蛋黄糊，再加1滴香草精，小火搅拌直到黏稠，保鲜膜贴面密封，冷藏备用；

5 将100g淡奶油打发，加入冷却的卡仕达酱搅匀，装入裱花袋，挤入小泡芙，密封冷冻后即可。

完成啦!

水果抱抱卷

带着水果抱抱卷，来一场高颜值野餐吧

食材及用量

葡萄、草莓、杧果、蓝莓适量，温牛奶80g，玉米油65g，低筋面粉65g，玉米淀粉20g，鸡蛋4个，细砂糖85g，奶油适量

工具

大玻璃碗、烤箱、量杯、搅拌棒、打蛋器、铲子、裱花袋、圆形模具

- ● 难度系数 ● ● ● ○ ○
- ● 喜爱程度 ● ● ● ● ○
- ● 准备时长 ● ● ● ○ ○
- ● 推荐指数 ● ● ● ● ○

制作步骤

一起动手试试吧!

1 将喜欢的水果切块备用，这里选了葡萄、草莓、枇杷、蓝莓；

2 制作超柔软的蛋糕——80g温牛奶、65g玉米油搅拌乳化均匀，筛入65g低筋面粉、20g玉米淀粉，"Z"字形搅拌均匀；

4 打发蛋白，将85g细砂糖分3次筛入，提起打蛋器有小弯钩即可；

3 准备4个鸡蛋，分离蛋白、蛋黄，将蛋黄和面糊拌匀备用；

5 将打发的蛋白分3次加入蛋黄糊；

7 同时还做了抹茶和巧克力味道的蛋糕（步骤略），用模具切圆，装饰奶油，摆上准备好的水果即可。

完成啦!

6 倒入烤盘铺平整，放入预热好的烤箱，210℃烤10~12分钟，凉透取出；

「玛格丽特小饼干」

玛格丽特小饼干，一段酥脆甜蜜的时光

食材及用量

黄油100g、细砂糖40g、海盐1.5g、熟蛋黄3个、抹茶粉3g、可可粉3g、低筋面粉40g、玉米淀粉50g、奶粉15g

工具

烤箱、打蛋器、筛网、勺子、大玻璃碗、一次性手套

- ● 难度系数　○ ○ ○ ○
- ● 喜爱程度

- ● 准备时长　○ ○ ○ ○ ○
- ● 推荐指数

制作步骤

一起动手试试吧！

1

软化100g黄油，加入40g细砂糖、1.5g海盐，打蛋器打发至变白；

2

将3个熟蛋黄过筛成粉状，加入打发的黄油充分搅匀；

3

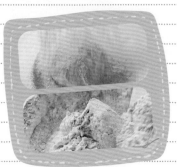

加入40g低筋面粉、50g玉米淀粉、15g奶粉，一半做成抹茶味，加入3g抹茶粉，一半做成可可味，加入3g可可粉，用手抓匀，无干粉即可；

4

每次取一个8g小面团，搓圆，摆入烤盘，顶上用手指按压出小窝；

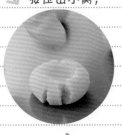

出炉啦！

5

放入烤箱，160℃烤15分钟即可。

「蜜桃糯米糍」

软糯Q弹的蜜桃糯米糍，一口难忘

食材及用量

桃子适量、细砂糖 180g、糯米粉 200g、玉米淀粉 60g、玉米油 18g、柠檬 1 个

工具

煮锅、不粘锅、一次性手套、擀面杖、削皮器、铲子、保鲜膜、大玻璃碗、搅拌棒、裱花袋

- 难度系数　●●●○○
- 喜爱程度　●●●●○
- 准备时长　●●●●○
- 推荐指数　●●●●○

制作步骤

一起动手试试吧！

1 将桃子洗净削皮，果肉切小丁，取500g左右，加入100g细砂糖拌匀放入冰箱冷藏备用；

2 取削下来的桃子皮，加水没过皮，煮到水变成粉色后捞出桃子皮；

3 晾凉后取170g桃子皮水，加入200g糯米粉、60g玉米淀粉、80g细砂糖、18g玉米油，混合均匀倒入不粘锅中；

5 将冷藏腌好的蜜桃丁倒入煮蜜桃皮剩下的水，熬到黏稠，快煮好时挤入1个柠檬的汁，晾凉备用；

4 用小火慢慢炒成团，戴手套拉扯至光滑有弹性后，用保鲜膜包好冷藏备用；

完成啦！

6 把糯米皮分成小团子，稍微擀一下，挤入蜜桃酱，按照图中所示手法包起来即可。

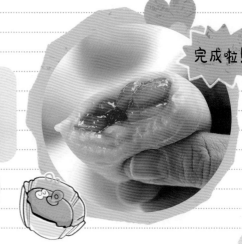

「五彩水果班戟」

五彩水果班戟，
多种口味一次满足

食材及用量

猕猴桃、葡萄、橙子、火龙果、杧果适量，鸡蛋2个，细砂糖20g，低筋面粉65g，融化的黄油15g，牛奶200g

工具

平底不粘锅、大玻璃碗、搅拌棒、筛网、一次性手套

- 难度系数 ● ● ● ○
- 喜爱程度 ● ● ● ○
- 准备时长 ● ● ● ○
- 推荐指数 ● ● ● ○

制作步骤

一起动手试试吧!

1 将猕猴桃、葡萄、橙子、火龙果、杧果切块备用;

2 鸡蛋2个、细砂糖20g、低筋面粉65g、融化的黄油15g混合拌匀;

3 加入200g牛奶,搅拌均匀,过筛使其更加细腻;

5 饼皮上挤奶油,放水果,再挤一层奶油;

4 平底不粘锅开小火倒入面糊,出现小泡泡后即可出锅;

6 将四边叠起来,冷藏一会儿后中间切一刀即可。

完成啦!

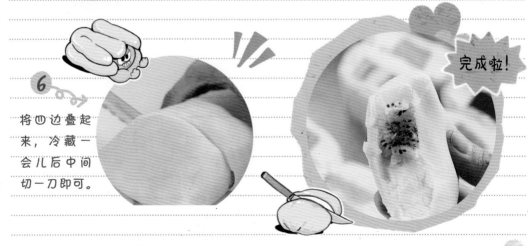

「话梅小番茄」

话梅小番茄，和闺蜜聊很久的小伴侣

食材及用量

小番茄1000g、雪碧3听、话梅60g、黄冰糖40g、半个柠檬

工具

煮锅、冰桶、勺子

- 难度系数 ●○○○○
- 喜爱程度 ●●●●●
- 准备时长 ●●●○○
- 推荐指数 ●●●●●

制作步骤

一起动手试试吧!

1 开水下小番茄煮1分钟,捞出后放入冰水,剥皮;

2 锅中加入1000g小番茄、3听雪碧、60g话梅、40g黄冰糖;

3 大火煮3分钟关火,趁热放入半个柠檬的切片,稍微拌一下;

4 放凉后盖盖子,冷藏一夜即可。

完成啦!

「自制厚炒酸奶」

水果和奥利奥厚炒酸奶，诚意满满

食材及用量

草莓适量，糖65g，淡奶油300g，抹茶粉15g，酸奶、蓝莓、奥利奥饼干适量

工具

煮锅、勺子、大玻璃碗、保鲜膜、打蛋器、铝箔盒子、铲子、抹茶筅

- 难度系数 ●●●○○
- 喜爱程度 ●●●●○
- 准备时长 ●●●●○
- 推荐指数 ●●●●○

制作步骤

一起动手试试吧!

1 将草莓丁400g、糖50g开中火熬煮,熬至黏稠关火,冷藏备用;

2 将150g淡奶油打发,倒入冷却的草莓酱,继续打发融合;

3 加入酸奶,搅拌均匀即可;

5 抹茶口味——15g抹茶粉过筛使其更细腻,倒入适量热水搅匀,加入150g淡奶油、15g糖,打发后加入酸奶;

4 将做好的酸奶倒入铝箔盒子中,中间放些草莓、蓝莓增加口感,再倒入一层酸奶,封口冷冻一晚;

7 将冻好的酸奶取出后切块即可。

完成啦!

6 将做好的酸奶倒入铝箔盒子中,中间放一层奥利奥饼干,再倒入一层酸奶,封口冷冻一晚;

「香脆豆腐丝」

香脆豆腐丝，就是这么嘎嘣脆

食材及用量

嫩豆腐350g、细砂糖135g、盐9g、甜椒粉7g、蒜粉18g、泡打粉9g、干粉适量、低筋面粉225g、高筋面粉225g、黑芝麻22g、食用油适量

工具

炸锅、一次性手套、保鲜膜、滤网、不锈钢大碗、擀面杖、量杯、搅拌棒、笊篱

- ● 难度系数　●●●○○
- ● 喜爱程度　●●●●○
- ● 准备时长　●●●○○
- ● 推荐指数　●●●●○

制作步骤

一起动手试试吧!

1 将350g嫩豆腐沥水20分钟，加入135g细砂糖、9g盐、7g甜椒粉、18g蒜粉、9g泡打粉，搅拌均匀;

2 加入225g低筋面粉、225g高筋面粉、22g黑芝麻，揉成团，分小块，保鲜膜包好压扁冷冻半小时;

3 冻好后多撒些干粉，擀薄，擀的过程中不停地撒干粉防粘，擀到0.2厘米厚切条，再切细丝;

4 切之前可冷冻半小时，不容易粘刀，切好后撒干粉抓散;

5 下锅炸之前用滤网抖掉多余的干粉，油温180℃下锅炸，炸到变硬上色捞出控油即可。

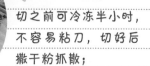

出锅啦!

113

「杨枝甘露」

毫不费力复刻奶茶店超好喝的杨枝甘露

食材及用量

小杞果 160g、西柚粒 70g、糖 120g、淡奶油 150g、椰浆 70g、西米 60g

工具

大玻璃碗、煮锅、一次性手套、搅拌棒、量杯、笊篱、小瓶子、勺子

- ● 难度系数　● ● ○ ○ ○
- ● 喜爱程度　● ● ● ● ○
- ● 准备时长　● ● ● ● ○
- ● 推荐指数　● ● ● ● ○

制作步骤

一起动手试试吧！

1 将160g小杧果切小丁，剥70g西柚粒；

2 锅中加120g糖、800g水，煮到糖融化，关火晾凉；

3 碗中放入备好的杧果西柚混合物160g、淡奶油150g、椰浆70g、煮好的糖水，搅拌均匀即可；

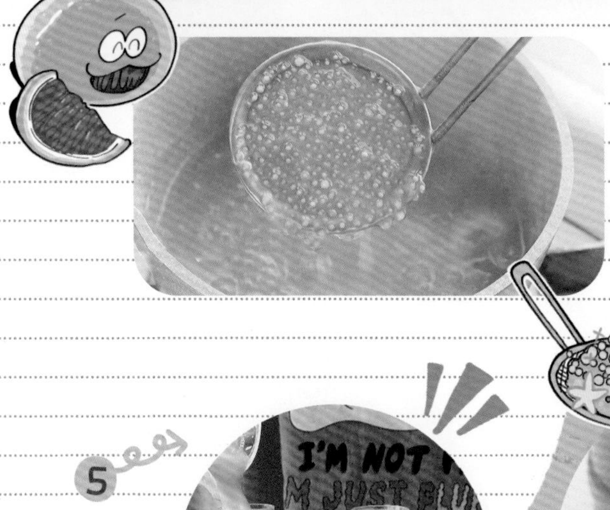

4 煮西米——水1000g、西米60g，大火烧开水后放入西米，煮到快变透明时关火盖盖子，焖到全透明后放入冷水中；

5 准备些小瓶子，放入适量西米，倒入调好的果汁即可。

「冰点杨梅」

酸甜爆汁的冰点杨梅

食材及用量

杨梅、黄冰糖、矿泉水适量

工具

带盖塑料盒、大玻璃碗、勺子

- 难度系数　●○○○○
- 喜爱程度　●●●●○
- 准备时长　●●●○○
- 推荐指数　●●●●○

制作步骤

一起动手试试吧!

1 将新鲜杨梅在盐水中浸泡 15 分钟后用清水洗净, 去蒂, 捞出沥干水分;

2 倒入锅中, 加适量黄冰糖、矿泉水, 水刚好没过杨梅即可;

3 小火煮 15 分钟, 晾凉装到小盒子里;

4 盖好盖子, 冷冻 2 小时就可以吃了。

完成啦!

「柚子糖」

柚子糖，不会出错的精致伴手礼

食材及用量

柚子适量、糖 300g

工具

大玻璃碗、煮锅、笊篱、汤锅、铲子

- ● 难度系数　● ● ● ○
- ● 准备时长　● ● ● ○
- ● 喜爱程度　● ● ● ○
- ● 推荐指数　● ● ● ○

制作步骤

一起动手试试吧！

1 将柚子去掉薄薄一层外皮，保留外皮和果肉之间的瓤，将瓤切成小块；

2 将切好的柚子瓤用清水洗四五次去除苦味，挤干水分，放入冷水锅，煮沸后捞出；

3 继续用清水多洗几次，直到洗完的水很清澈（需要洗四五次）后挤干水分；

  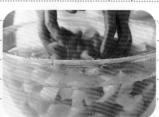

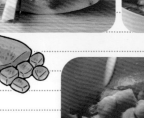

4 锅中加入300g糖、400g水，大火煮沸，倒入柚子瓤翻炒，直至吸饱水分；

5 关火用余温再炒几分钟，表面出现糖霜即可。

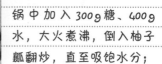

完成啦！

「自制炸薯片」

高热量、重口味，
让你吮指停不下来

食材及用量

红薯、食用油适量

工具

削皮器、擦片器、晾网、
炸锅、大玻璃碗、笊篱

- 难度系数 ●●●○○
- 喜爱程度 ●●●●○
- 准备时长 ●●●●○
- 推荐指数 ●●●●○

120

制作步骤

一起动手试试吧!

1 将红薯洗净去皮;

2 用擦片器擦片,刀工好的也可手切;

3 将红薯片用冷水冲洗2~3次,洗掉表面淀粉;

4 放在晾网上晾干至表面没有水分;

5 在油温150℃左右下锅,下锅后改小火炸,炸至颜色金黄变硬时迅速捞出即可。

出锅啦!

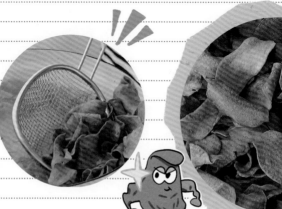

「坚果可可脆片」

香浓巧克力与坚果的绝佳组合，一口入魂

食材及用量

巧克力4g、蜂蜜12g、黄油58g、全蛋20g、蛋清45g、奶油10g、糖粉50g、盐1g、低筋面粉35g、可可粉5g

工具

小竹篮、开坚果器、玻璃锅、铲子、大玻璃碗、量杯、搅拌棒、面粉筛、裱花袋、烤箱、夹子

- ● 难度系数　●●●○○
- ● 喜爱程度　●●●●○
- ● 准备时长　●●●●○
- ● 推荐指数　●●●●○

制作步骤

一起动手试试吧!

1

将夏威夷果去壳，中间切开备用；

2

将4g巧克力、12g蜂蜜、8g黄油加热融化，倒入夏威夷果，快速搅匀备用；

3

制作脆脆部分——全蛋20g、蛋清45g、奶油10g、糖粉50g、盐1g，搅匀，50g黄油融化，稍微冷却后倒入蛋液中搅匀，筛入35g低筋面粉、5g可可粉，搅匀；

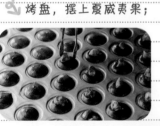

4

装入裱花袋中，挤入烤盘，摆上夏威夷果；

5

放入预热好的烤箱，150℃烤18分钟，晾凉即可。

出炉啦!

「百香果软糖」

酸酸甜甜的百香果软糖，清爽又解腻

食材及用量

百香果 20 个、冰糖 150g、水饴 350g、细砂糖 90g、柠檬汁 10g、黄油 40g、淀粉 50g、夏威夷果 150g

工具

大玻璃碗、勺子、纱布、烤箱、炒锅、模具、铲子、油纸

- 难度系数　●　●　●　○　○
- 准备时长　●　●　●　○　○
- 喜爱程度　●　●　●　●　○
- 推荐指数　●　●　●　○　○

制作步骤

一起动手试试吧！

1 将百香果削去一点外皮，挖出百香果肉，把汁水过滤出来；

2 撕掉百香果内的薄膜，果皮切小块洗一次；

3 锅中加20个百香果的皮、冰糖150g、水100g，翻炒到冰糖融化后倒入60g百香果汁，炒到收汁；

5 锅中加入350g水饴、90g细砂糖、260g百香果汁，煮沸后加入10g柠檬汁、40g黄油，搅匀后加入水淀粉（淀粉50g、水15g），中火一直搅拌；

4 将炒好的百香果皮放入烤箱，120℃烤1小时，烤好即食，味道像果丹皮；

出锅啦！

6 炒到抱团时加入150g夏威夷果，放入模具压平，完全冷却后切块。

「椰子冻」

椰香满满的椰子冻，又好吃又好看

食材及用量

新鲜椰子4个、牛奶300g、淡奶油100g、椰浆适量、糖80g、吉利丁片13片、杧果丁适量

工具

开椰器、煮锅、汤勺、保鲜膜

- ● 难度系数 ⬤⬤⬤◯◯
- ● 喜爱程度 ⬤⬤⬤⬤◯
- ● 准备时长 ⬤⬤⬤◯◯
- ● 推荐指数 ⬤⬤⬤⬤◯

制作步骤

一起动手试试吧!

1 将4个新鲜椰子打开,取汁,加入300g牛奶、100g淡奶油、400g椰浆、80g糖,加热到70℃左右;

2 放入13片泡软的吉利丁片;

3 将煮好的椰汁倒入椰子壳中;

4 用保鲜膜包好冷藏一晚;

5 加枇果丁和椰浆即可。

完成啦!

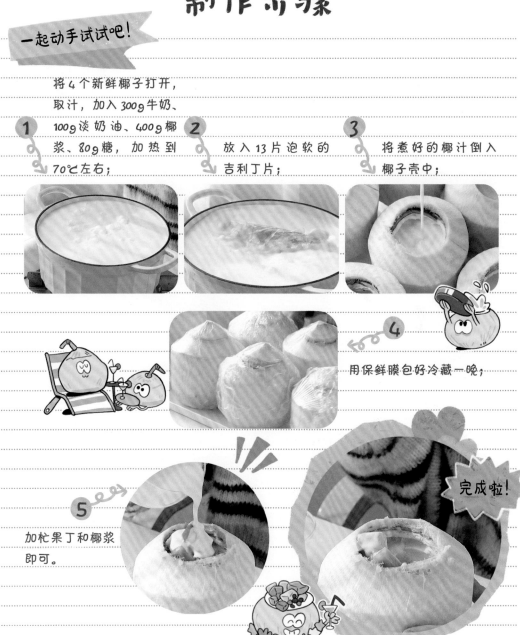

05

制霸
聚会的
食单

「家庭版比萨」

家庭版比萨，一次满足
所有人的口味

工具

多功能锅、刷子、
一次性手套、大
碗、打蛋器、铲子

食材及用量

吐司片、鸡蛋、比萨酱、马苏里
拉芝士、菠萝丁、洋葱丝、青红
椒丝、玉米粒、萨拉米香肠、黑
胡椒碎、欧芹碎适量

- 难度系数　●●○○○
- 喜爱程度　●●●●●

- 准备时长　●●●●○
- 推荐指数　●●●●●

制作步骤

一起动手试试吧!

1
将吐司片切丁;

2
将鸡蛋打散,倒入面包丁拌匀;

3
多功能锅中刷油,倒入面包丁边炒边整理平整,变成一整块;

4
关火放比萨酱、马苏里拉芝士,并按自己的口味放食材——菠萝丁、洋葱丝、青红椒丝、玉米粒、萨拉米香肠;

出锅啦!

5
出锅前撒黑胡椒碎和欧芹碎。

「锡纸烤万物」

聚餐终极必杀技——
锡纸烤万物

食材及用量

嫩豆腐1块，肉末、粉丝、肥牛卷、娃娃菜、蒜末、洋葱、小米椒、白芝麻、辣椒面、郫县豆瓣酱、热油、生抽、陈醋、蚝油、葱花适量

工具

锡纸盒、勺子、小锅

● 难度系数	○○○○○	● 准备时长	●●●○○
● 喜爱程度	●●●●●	● 推荐指数	●●●●●

制作步骤

一起动手试试吧!

1 准备1块嫩豆腐,横竖划几刀,放入1个锡纸盒内,上面撒上肉末;

2 将娃娃菜、粉丝、肥牛卷分别放入锡纸盒;

3 调灵魂酱汁——蒜末、洋葱、小米椒、白芝麻、辣椒面、郫县豆瓣酱、热油搅拌均匀,再加入生抽、陈醋、蚝油、水;

4 将灵魂酱汁倒在几个锡纸盒的食材上,撒上葱花;

5 放到火上烤熟即可。

出锅啦!

「红烧肉」

镇住全场的经典
拿手菜——红烧肉

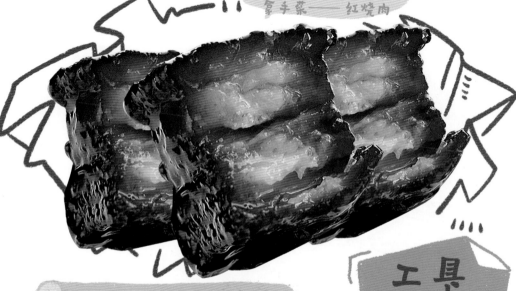

工具

平底煎锅、炖锅、
夹子、铲子、勺子

食材及用量

带皮五花肉、黄酒、冰糖、食用油、葱、姜、八角、桂皮、香叶适量，生抽2勺，老抽半勺，蚝油1勺

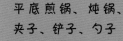

- 难度系数　●●●○　　● 准备时长　●●●○○
- 喜爱程度　●●●●●　　● 推荐指数　●●●●●

制作步骤

一起动手试试吧！

1 将带皮五花肉切块，放在平底锅里四面煎到金黄，盛出备用；

2 锅中倒入少许油，加入冰糖，小火炒出糖色；

3 倒入煎好的五花肉翻炒，炒到肉的颜色变深；

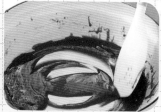

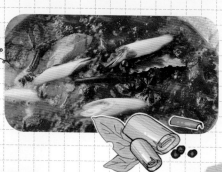

4 倒入1小碗黄酒，然后加热水没过肉，放入葱、姜、八角、桂皮、香叶、2勺生抽、半勺老抽、1勺蚝油；

5 烧开煮到没有酒味，盖盖子炖一个半小时即可。

出锅啦！

「简单版麦乐鸡」

麦乐鸡，聚会少不了的
"咔嚓咔嚓"

工具

不锈钢饭盒、
搅拌棒、炸锅

食材及用量

鸡胸肉、料酒、食用油适量，
方便面调料1包，鸡蛋2个

- ● 难度系数　●●○○○
- ● 准备时长　●●●○○
- ● 喜爱程度　●●●●○
- ● 推荐指数　●●●○○

制作步骤

一起动手试试吧！

1 将鸡胸肉切片，放料酒和半包方便面调料，抓匀腌制一会儿；

2 将2个鸡蛋打散，倒入剩下的半包方便面调料搅拌均匀；

3 将鸡胸肉沾上蛋液，放入油中炸，炸至金黄上色出锅即可。

出锅啦！

137

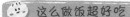

「芝士热狗棒」

三种口味的芝士热狗棒

食材及用量

芝士、热狗肠适量，高筋面粉180g，糯米粉20g，盐1g，糖5g，酵母2g，鸡蛋1个，面包糠、土豆丁、方便面碎、芥末蜂蜜酱、番茄酱、食用油适量

工具

竹签、量杯、搅拌棒、大碗、保鲜膜、一次性手套、铲子、炸锅

- 难度系数 ● ● ● ○ ○
- 喜爱程度 ● ● ● ● ○
- 准备时长 ● ● ● ○ ○
- 推荐指数 ● ● ● ● ○

制作步骤

一起动手试试吧!

1 将芝士切条,和热狗肠用竹签串起来;

2 调面糊——高筋面粉180g、糯米粉20g、盐1g、糖5g、酵母2g,搅拌下,加入1个鸡蛋、160g温水,搅拌均匀;

4 将芝士块裹上面糊,用沾了水的手套整理下,再沾面包糠、土豆丁、方便面碎;

3 盖保鲜膜发酵1小时,发酵好的面团搅拌排气;

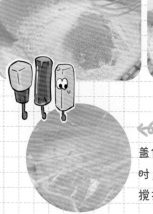

出锅啦!

5 油温控制在180℃,炸到金黄捞出控油,挤上芥末蜂蜜酱和番茄酱。

「芥末虾球」

芥末虾球，
上桌瞬间就被抢空

工具

大玻璃碗、夹子、
塑料袋、炸锅、一
次性手套、勺子

食材及用量

虾、料酒、鸡蛋、盐、黑胡椒粉、
淀粉适量，蛋黄酱 2 勺，芥末酱、
枕果、香草碎适量

- ● 难度系数　　● ● ○ ○ ○
- ● 准备时长　　● ● ● ● ○
- ● 喜爱程度　　● ● ● ● ○
- ● 推荐指数　　● ● ● ● ○

制作步骤

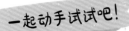

1 将虾处理干净，去壳抽虾线;

2 加入料酒、蛋黄、盐、黑胡椒粉，抓匀;

3 塑料袋中装入淀粉，把虾放进去摇晃，均匀裹粉;

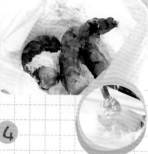

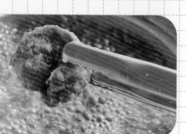

4 下油锅，小火炸3~4分钟捞出;

出锅啦!

5 碗中调2勺蛋黄酱，根据自己的口味添加芥末酱，将调好的酱料均匀裹在炸好的虾球上，最后撒上芒果块和香草碎。

141

「冰点草莓」

饭后甜品时间，来一份冰点草莓

食材及用量

草莓、糖适量

工具

塑料密封盒、煮锅、撇沫勺、大玻璃碗、一次性手套

- 难度系数　● ○ ○ ○ ○
- 准备时长　● ○ ○ ○ ○
- 喜爱程度　● ● ● ● ●
- 推荐指数　● ● ● ● ●

制作步骤

一起动手试试吧！

1 将草莓洗净去蒂；

2 根据自己的口味适量加糖，把糖翻拌均匀，冷藏3小时；

3 将冷藏好后的草莓倒入锅中，开大火熬煮4~5分钟；

4 撇去浮沫，装入密封盒，冷冻几小时即可。

完成啦！

「四色爆米花」

四色爆米花，
拉满餐桌颜值

食材及用量

小玉米粒160g、玉米油40g，玉米爆成爆米花后分为4份。
草莓口味：白巧100g，草莓粉10g。
抹茶口味：白巧100g，抹茶粉6g。
黑巧口味：黑巧直接融化（没有量化黑巧）。
芝士口味：白巧100g，黄金芝士粉8g。

工具

不粘锅、锅铲、
玻璃大碗、
冷却盘

● 难度系数	● 准备时长	
● 喜爱程度	● 推荐指数	

制作步骤

一起动手试试吧!

1
把玉米粒炒成爆米花,分4份;

2
隔热水搅拌融化草莓粉和白巧克力,融化后的混合物与其中1份爆米花搅拌均匀;

其他三种口味也这样处理!

完成啦!

将4份全部冷冻5分钟;

3

4
装盘。

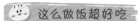

「小猪佩奇棉花糖」

小猪佩奇棉花糖，
一起动手玩起来

工具

勺子、裱花袋、平底炒锅、大平盘、大玻璃碗、打蛋器、铲子、面粉筛、刷子

食材及用量

玉米淀粉适量、鸡蛋 2 个（只取蛋白）、细砂糖 90g、水饴 80g、吉利丁 10g、粉色色膏适量

- 难度系数　● ● ● ● ○
- 喜爱程度　● ● ● ● ○
- 准备时长　● ● ● ● ○
- 推荐指数　● ● ● ● ○

制作步骤

一起动手试试吧!

1 将玉米淀粉小火炒熟, 过筛到大平盘里, 勺背压出轮廓备用;

2 碗中打入 2 个鸡蛋, 只留蛋白, 加 20g 细砂糖打至硬性发泡;

3 锅中加入 70g 细砂糖、80g 水饴、40g 水, 大火烧开, 放入泡软的 10g 吉利丁, 再次烧开后关火;

5 装入裱花袋中, 在玉米淀粉的轮廓上挤出佩奇的形状;

4 慢慢倒入打发的蛋白中继续打发, 用粉色色膏调色;

完成啦!

6 上面撒炒熟的玉米淀粉, 冷藏 1 小时后扫掉表面的淀粉即可。

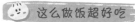
「雪梨棒棒糖」

软萌Q弹的雪梨棒棒糖

食材及用量

雪梨适量、黄冰糖 345g、
麦芽糖 115g

工具

搅拌机、纱布、
大玻璃碗、
煮锅、铲子、
撇沫勺、模具、
棒棒糖棍

- 难度系数　●●●○○
- 喜爱程度　●●●●○
- 准备时长　●●●●○
- 推荐指数　●●●●●

制作步骤

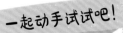
一起动手试试吧！

1 将雪梨切块，搅拌机打碎，用纱布过滤梨汁；

2 滤好的梨汁倒入锅中，加入345g黄冰糖、115g麦芽糖，开大火煮沸，撇掉浮沫；

3 逐渐变得浓稠时调小火，偶尔搅拌下；

4 煮到140℃，关火倒入模具，插上棒棒糖棍；

完成啦！

5 晾凉脱模即可。

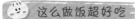

「棉花糖慕斯」

松软可口的棉花糖慕斯

工具

大玻璃碗、小奶锅、铲子、筛网、勺子

食材及用量

棉花糖 120g，牛奶 600g，黑巧克力 40g，抹茶粉、可可粉、草莓粉适量

- ● 难度系数　● ● ○ ○ ○
- ● 准备时长　● ● ● ○ ○
- ● 喜爱程度　● ● ● ● ○
- ● 推荐指数　● ● ● ● ○

制作步骤

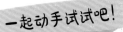
一起动手试试吧！

1 将40g棉花糖、200g牛奶放入锅中，小火搅拌至棉花糖融化；

2 巧克力味道——关火加入40g黑巧克力，搅拌融化；

3 过筛使得糖浆更细腻；

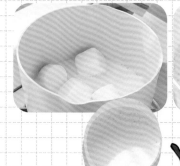

4 按照以上步骤，分别制作抹茶味和原味。抹茶味：棉花糖40g、牛奶200g、抹茶粉4g。原味：棉花糖40g、牛奶200g。以上口味都冷藏4小时以上，拿出后分别撒上可可粉、抹茶粉、草莓粉即可。

完成啦！

「软乎乎的雪媚娘」

软乎乎的雪媚娘，
一口下去极尽满足

食材及用量

生糯米粉适量，玉米淀粉30g，糖50g，牛奶180g，黄油15g，奥利奥碎、草莓粒、杧果粒、奶油适量

工具

大玻璃碗、剪刀、平底炒锅、搅拌棒、滤网、铲子、一次性手套、擀面杖、小碗、勺子、裱花袋、油纸

- 难度系数 ●●●○○
- 喜爱程度 ●●●●○
- 准备时长 ●●●●○
- 推荐指数 ●●●●○

制作步骤

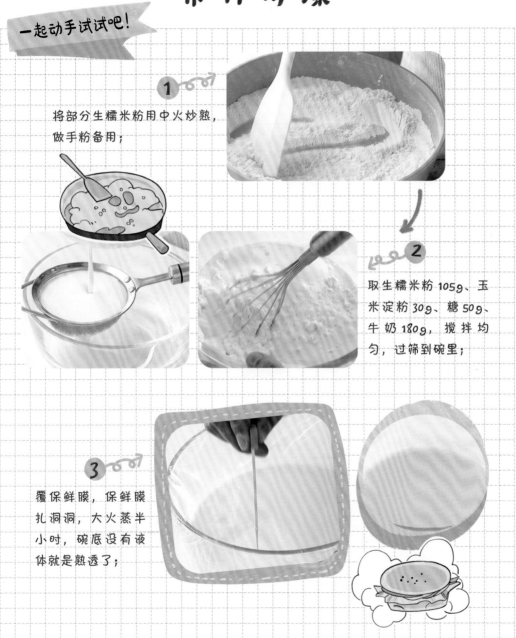

1 将部分生糯米粉用中火炒熟，做手粉备用；

2 取生糯米粉105g、玉米淀粉30g、糖50g、牛奶180g，搅拌均匀，过筛到碗里；

3 覆保鲜膜，保鲜膜扎洞洞，大火蒸半小时，碗底没有液体就是熟透了；

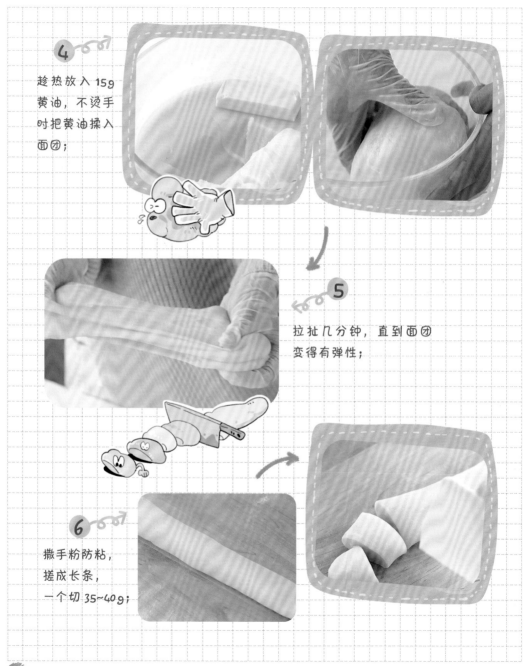

4
趁热放入 15g
黄油，不烫手
时把黄油揉入
面团；

5
拉扯几分钟，直到面团
变得有弹性；

6
撒手粉防粘，
搓成长条，
一个切 35~40g；

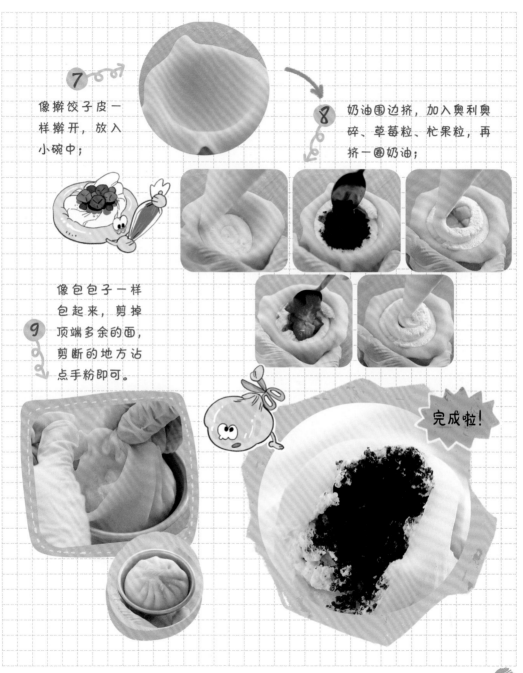

7 像擀饺子皮一样擀开，放入小碗中；

8 奶油围边挤，加入奥利奥碎、草莓粒、杧果粒，再挤一圈奶油；

9 像包包子一样包起来，剪掉顶端多余的面，剪断的地方沾点手粉即可。

完成啦！

06

好吃不
胖的烘
焙提案

「橘酿葛根粉」

橘酿葛根粉，
让你变身美肤达人

食材用量

葛根、小橘子适量

工具

破壁机、笸箩、小夹子、竹篮、纱布兜、大玻璃碗、竹竿、大盘子、大塑料盒

- 难度系数　● ● ● ○ ○
- 喜爱程度　● ● ● ● ○
- 准备时长　● ● ● ○ ○
- 推荐指数　● ● ● ● ○

制作步骤

一起动手试试吧!

1 将小橘子取出果肉,保留完整果皮,果皮装满绿豆定型,放到阳台晒3天;

2 将葛根洗净去皮,切块,放入破壁机加水打细腻;

3 用纱布过滤,滤出的粉水静置沉淀一晚后将水全部倒出;

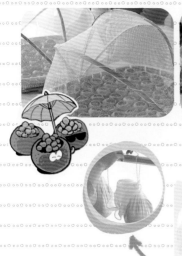

4 盆底就是沉淀下来的葛根粉,挖出来用纱布包好,悬挂沥水2小时;

出锅啦!

5 橘壳晒3天后已经变干了,倒出绿豆,装入葛根粉,再晾晒2天,喝时取出葛根粉冲泡即可。

「银耳牛奶羹」

胶原蛋白满满的
银耳牛奶羹

食材及用量

银耳、红枣、枸杞、冰糖适量

工具

手动打蛋器、勺子、炖锅、大玻璃碗、剪刀

● 难度系数 ●●○○○　　● 准备时长 ●●○○○

● 喜爱程度 ●●●●○　　● 推荐指数 ●●●●○

制作步骤

一起动手试试吧!

1 将银耳加水泡一晚（至少2小时），撕小块，越小越好；

2 黄色部分不要，其余的用剪刀剪碎；

3 将泡发后的200g银耳放入炖锅，加入1500g水，水量也可根据自己喜欢的稠度调整；

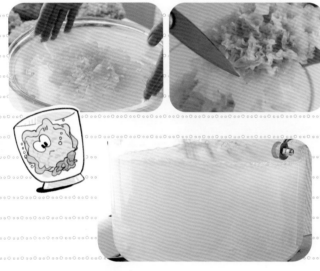

4 盖盖子大火煮沸，用手动打蛋器朝一个方向疯狂搅拌，持续2分钟，然后调到中火，虚掩盖子炖10分钟，再搅2分钟；

5 倒入红枣、枸杞、冰糖，小火再焖10分钟即可；出锅后加入牛奶一起饮用。

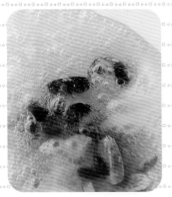

出锅啦!

「美龄粥」

美龄粥，仙女必喝的
神仙糊糊

食材及用量

长山药 60g，黄豆 30g，大米 10g，糯米 20g，冰糖、核桃仁适量

工具

削皮刀、破壁机、勺子、一次性手套

- 难度系数　●●●○○　　● 准备时长　●●●○○
- 喜爱程度　●●●●○　　● 推荐指数　●●●●○

制作步骤

一起动手试试吧!

1 将长山药削皮切块（处理长山药一定要戴手套）;

2 将处理好的60g长山药、30g黄豆、10g大米、20g糯米、适量冰糖倒入破壁机，加入适量水充分破壁;

3 用破壁机打碎核桃仁;

4 将核桃仁碎撒在粥上，搅拌均匀即可。

完成啦!

「水果酸奶三明治」

好吃不胖的
水果酸奶三明治

食材及用量

固体酸奶、吐司、阳光青提、
无花果、橘子适量

工具

过滤盒、保鲜膜、一
次性手套、小铲子、
勺子、面包刀

● 难度系数　●●●○○　　● 准备时长　●●○○○

● 喜爱程度　●●●●○　　● 推荐指数　●●●●○

制作步骤

一起动手试试吧!

1 选自己喜欢的固体酸奶放入过滤盒中，放进冰箱冷藏一夜；

2 将吐司切边，拿出滤好的酸奶在吐司上抹一层；

3 铺上喜欢的水果，如阳光青提、无花果、橘子，再抹一层酸奶，抹平；

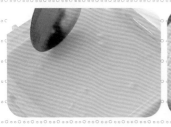
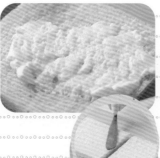

4 盖上另一片吐司，包上保鲜膜；

完成啦!

5 冷藏一会儿定型，对半切开即可。

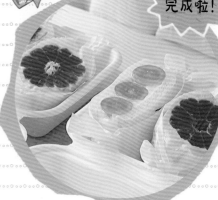

「苹果脆片」

无糖苹果脆片，
怕胖人士解馋必备

食材用料及量

苹果、盐适量

工具

烤箱、大玻璃碗

- ● 难度系数　● ● ○ ○ ○
- ● 准备时长　● ● ○ ○ ○
- ● 喜爱程度　● ● ● ● ○
- ● 推荐指数　● ● ● ● ●

制作步骤

一起动手试试吧!

1

将苹果洗净切半,去核切薄片;

2

水中放一勺盐,浸泡 2 分钟;

3

取出后平铺在烤盘中,90℃烤 2 小时,有热风功能、果干功能的烤箱最好;

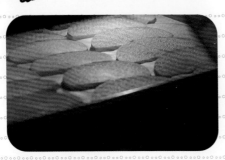

出炉啦!

4

出炉冷却即可。

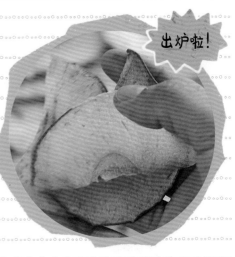

「五彩大拌菜」

美味减脂的五彩大拌菜

食材及用量

鸡蛋、黄瓜、胡萝卜、洋葱、紫甘蓝、金针菇、绿豆芽（蔬菜不固定，家里有什么就用什么）适量，花生酱3勺、味极鲜酱油4勺，蚝油2勺，香油1勺，麻油1勺，米醋2勺，辣椒油2勺，糖1勺，盐、蒜末适量

工具

平底煎锅、擦丝器、料理盘、煮锅、刀、漏勺、玻璃大碗、一次性手套

- 难度系数　●●○○○
- 喜爱程度　●●●●○
- 准备时长　●●●○○
- 推荐指数　●●●●○

制作步骤

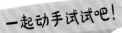
一起动手试试吧！

1 将鸡蛋摊成蛋饼；

2 将蛋饼切丝备用；

3 将黄瓜、胡萝卜、洋葱、紫甘蓝擦丝备用；

5 花生酱加温水搅拌成糊；

4 将金针菇、绿豆芽焯水备用；

6 将味极鲜酱油、蚝油、香油、麻油、米醋、辣椒油、糖、适量盐、适量蒜末与调好的花生酱和所有菜品放入大碗中，用手抓拌均匀，装盘即可。

完成啦！